普通高等教育"十二五"系列教材
电气工程及其自动化专业系列教材

北京高等教育精品教材
BEIJING GAODENG JIAOYU JINGPIN JIAOCAI

U0288895

微型机继电保护基础
（第四版）

编著　杨奇逊　黄少锋
主审　陶惠良　贺家李

中国电力出版社
CHINA ELECTRIC POWER PRESS

内 容 提 要

本书为普通高等教育"十二五"系列教材，普通高等教育"十一五"国家级规划教材。

本书系统地讲述了微机保护的基础知识，重点介绍了如何用微机保护来实现继电保护功能的各种方法。全书共分五章，包括微机保护的硬件原理、数字滤波器、微机保护的算法、提高微机保护可靠性的措施、微机保护程序流程。

本书主要作为高等院校电气工程及其自动化等相关专业的本科教材，也可作为高职高专和函授教材，以及工程技术人员的参考书。

图书在版编目（CIP）数据

微型机继电保护基础/杨奇逊，黄少锋编著. —4 版. —北京：中国电力出版社，2013.3（2023.6 重印）

普通高等教育"十二五"规划教材. 普通高等教育"十一五"国家级规划教材

ISBN 978 - 7 - 5123 - 3748 - 0

Ⅰ.①微…　Ⅱ.①杨…②黄…　Ⅲ.①微型计算机－继电保护装置－高等学校－教材　Ⅳ.①TM774

中国版本图书馆 CIP 数据核字（2012）第 275742 号

出版发行：中国电力出版社

地　　址：北京市东城区北京站西街 19 号（邮政编码 100005）

网　　址：http://www.cepp.sgcc.com.cn

责任编辑：雷　锦（010—63412530）

责任校对：黄　蓓　常燕昆

装帧设计：王红柳

责任印制：吴　迪

印　　刷：三河市百盛印装有限公司

版　　次：1987 年 10 月第一版　2013 年 3 月第四版

印　　次：2023 年 6 月北京第二十八次印刷

开　　本：787 毫米×1092 毫米　16 开本

印　　张：10.5

字　　数：254 千字

定　　价：20.00 元

前　　言

　　本书为普通高等教育"十二五"系列教材，普通高等教育"十一五"国家级规划教材，并获得北京高等教育精品教材的称号。

　　本书在前三版的基础上，做了相应的修订，力图反映最新的技术成果及发展动向。虽然微机保护在我国已全面推广应用，但为了适应目前的教材体系和教学课时要求，本书的定位同第一版一样，仍为微机保护的基础知识，并不涉及种类较多的具体保护方案，重点是介绍如何用微型机来实现继电保护功能的各种基本方法，包括微机保护的硬件原理、数字滤波器、微机保护的算法、提高微机保护可靠性的措施和微机保护程序流程等，并假定读者已通过其他教材掌握了各种继电保护的原理和计算机方面的知识。

　　本书的基本内容也适用于电力系统测量、控制等方面的应用与研究。

　　本版修订工作主要由黄少锋完成，杨奇逊在确定全书的章节安排和选材方面起了重要的作用，并负责全书的最后修改和定稿。

　　西安交通大学陶惠良教授、天津大学贺家李教授审阅了全稿，并提出了宝贵的意见和建议，谨此致谢。

　　由于作者水平有限，书中难免有不当或错误之处，恳请读者批评指正。

作　者
2012 年 9 月
于华北电力大学

目 录

绪　　论

一、计算机在继电保护领域中的应用和发展概况

电子计算机特别是微型计算机（以下简称微型机）技术发展很快，其应用已广泛而深入地影响着科学技术、生产和生活等各个领域，使各行业的面貌发生了巨大的，往往是质的变化，继电保护技术也不例外。在继电保护技术领域，除了离线应用计算机作故障分析和继电保护装置的整定计算、动作行为分析外，20 世纪 60 年代末期已提出用计算机构成保护装置的倡议，最早的两篇几乎同时发表的关于计算机保护的研究报告[1,2]，揭示了它的巨大潜力，引起了世界各国继电保护工作者的兴趣；在 20 世纪 70 年代，掀起了研究热潮，仅公开发表的有关论文就有 200 余篇[3]，在此期间提出了各种不同的算法原理和分析方法，但限于计算机硬件的制造水平以及价格过高，当时还不具备商业性地生产这类保护装置的条件。早期的研究工作以小型计算机为基础，出于经济上的考虑，曾试图用一台小型计算机来实现多个电气设备或整个变电站的保护功能。这种想法使可靠性难以得到保证，因为一旦当该台计算机出现故障，所有的被保护设备都将失去保护；同时，按照当时计算机的接口条件和内部资源来说，也无法实现这种设想。到了 20 世纪 70 年代末期，出现了一批功能足够强的微型机，价格也大幅度降低，因而无论在技术上还是经济上，已具备用一台微型机来完成一个电气设备保护功能的条件。甚至为了增加可靠性，还可以设置多重化的硬件，用几台微型机互为备用构成一个电气设备的保护装置，从而大大提高了可靠性。美国电气和电子工程师学会（IEEE）的教育委员会在 1979 年曾组织过一次世界性的计算机保护研究班（其讲义有中译本[4]）。这个研究班之后，世界各大继电器制造商都先后推出了各种定型的商业性微机保护装置产品。由于微机保护装置具有一系列独特的优点，这些产品问世后很快受到用户的欢迎。

微机保护是指将微型机、微控制器等器件作为核心部件构成的继电保护。国内在微机保护方面的研究工作起步较晚，但进展却很快。1984 年国内第一套微机距离保护样机在河北马头电厂经过试运行后，通过了科研鉴定[5]。1986 年，全国第一台微机高压线路保护装置研制成功，并在辽宁省辽阳供电局投入试运行。为了检验微机高压线路保护在实际短路情况下的动作行为，河北省电力局还于 1987 年 9 月 26 日在邯郸供电局下属的店头变电站和王凤变电站之间进行了一次人工短路试验，试验表明：微机保护动作可靠、迅速，抗弧光电阻能力强，测距较为准确。随即，河北省电力局在石家庄、定州、保定之间的两条双回线上全部采用了微机保护。经过研究、制造人员和东北电业管理局、河北省电力局及继电保护领域许多技术人员的积极配合与共同努力下，微机保护很快就进入了推广和应用阶段，翻开了国内微机保护应用的新篇章。

经过 10 多年的研究、应用、推广与实践，现在新投入使用的高中压等级继电保护设备几乎均为微机保护产品，继电保护领域的研究部门和制造厂家已经完全转向进行微机保护的研究与制造，出现了百花齐放、百家争鸣的竞争与发展共存的良好局面。随后，在微机保护

和网络通信等技术结合后，变电站自动化系统、配网自动化系统也已经在全国电力系统中得到了广泛的应用，将保护、测量、控制、录波、监视、通信、调节、报表和防误操作等多种功能融为一体，进一步提高了电力系统的安全、稳定、可靠和经济运行，为电网高质量的电能传输和供电提供了更好的技术保障，也为变电站实现无人或少人值班创造了必要的条件。

预计未来几年内，微机保护将朝着高可靠性、简便性、开放性、通用性、灵活性和网络化、智能化、模块化、动作过程透明化方向发展，并可以方便地与电子式互感器、光学互感器实现连接，同时，跳出传统的"继电器"概念，充分利用计算机的计算速度、数据处理能力、通信能力和硬件集成度不断提高等各方面的优势，结合模糊理论、自适应原理、行波原理、小波技术和波形特征等，设计出性能更为优良和维护工作量更少的微机保护设备。另外，随着相量测量单元（PMU，Phasor Measurement Unit）和网络、通信技术的广泛应用，出现了研究广域信息保护（Wide Area Protection）的热潮，同时这些技术还有助于将闭环控制的思想和多点、多种信息综合起来，应用于电力系统中。

二、微机继电保护装置特点

1. 维护调试方便

在微机保护应用之前，整流型或晶体管型继电保护装置的调试工作量很大，尤其是一些复杂的保护，如超高压线路的保护设备，调试一套保护常常需要一周，甚至更长的时间。究其原因，这类保护装置都是布线逻辑的，保护的每一种功能都由相应的硬件器件和连线来实现。为确认保护装置完好，就需要把所具备的各种功能都通过模拟试验来校核一遍。微机保护则不同，它的硬件是一台计算机，各种复杂的功能由相应的软件（程序）来实现。换言之，它是用一个只会做几种单调的、简单操作（如读数、写数及简单的运算）的硬件，配以软件，把许多简单操作组合来完成各种复杂功能的，因而只要用几个简单的操作就可以检验它的硬件是否完好，或者说如果微机硬件有故障，将会立即表现出来。如果硬件完好，对于已成熟的软件，只要程序和设计时一样（这很容易检查），就必然会达到设计的要求，不用逐台做各种模拟试验来检验每一种功能是否正确。实际上如果经检查，程序和设计时的完全一样，就相当于布线逻辑的保护装置的各种功能已被检查完毕。第4章将介绍微机保护装置具有很强的自诊断功能，对硬件各部分和程序（包括功能、逻辑等）不断地进行自动检测，一旦发现异常就会发出警报。通常只要给上电源后没有警报，就可确认装置是完好的。所以对微机保护装置可以说几乎不用调试，从而可大大减轻运行维护的工作量。

2. 可靠性高

计算机在程序指挥下，有极强的综合分析和判断能力，因而它可以实现常规保护很难办到的自动纠错，即自动地识别和排除干扰，防止由于干扰而造成误动作。另外，它有自诊断能力，能够自动检测出本身硬件的异常部分，配合多重化可以有效地防止拒动，因此可靠性很高。目前，国内设计与制造的微机保护均按照国际标准的电磁兼容试验（EMC，Electromaganetic Compatibility）来考核，进一步保证了装置的可靠性。

3. 易于获得附加功能

应用微型机后，如果配置一个打印机，或者其他显示设备，或通过网络连接到后台计算机监控系统，可以在电力系统发生故障后提供多种信息。例如，保护动作时间和各部分的动作顺序记录，故障类型和相别及故障前后电压和电流的波形记录等。对于线路保护，还可以提供故障点的位置（测距）。这将有助于运行部门对事故的分析和处理。

4. 灵活性大

由于微机保护的特性主要由软件决定（不同原理的保护可以采用通用的硬件），因此只要改变软件就可以改变保护的特性和功能，从而可灵活地适应电力系统运行方式的变化。

5. 保护性能得到很好改善

由于微型机的应用，使很多原有型式的继电保护中存在的技术问题，可找到新的解决办法。例如，对接地距离保护的允许过渡电阻的能力，距离保护如何区别振荡和短路，大型变压器差动保护如何识别励磁涌流和内部故障等问题，都已提出了许多新的原理和解决方法。可以说，只要找出正常与故障特征的区别方案，微机保护基本上都能予以实现。

第1章　微机保护的硬件原理

1—1　概　　述

微机保护的硬件一般包括以下三大部分。

(1) 数据采集系统(或称模拟量输入系统)。数据采集系统包括电压形成、模拟滤波、采样保持(S/H)、多路转换(MPX)以及模数转换(A/D)等功能块,完成将模拟输入量准确地转换为微型机能够识别的数字量。

(2) 微型机主系统。微型机主系统包括微处理器(MPU)、只读存储器(ROM)或闪存内存单元(FLASH)、随机存取存储器(RAM)、定时器、并行接口以及串行接口等。微型机执行编制好的程序,对由数据采集系统输入至 RAM 区的原始数据进行分析、处理,完成各种继电保护的测量、逻辑和控制功能。

(3) 开关量(或数字量)输入/输出系统。开关量输入/输出系统由微型机的并行接口(PIA 或 PIO)、光电隔离器件及有触点的中间继电器等组成,以完成各种保护的出口跳闸、信号、外部触点输入、人机对话及通信等功能。

图 1-1 为一种典型的微机保护硬件结构示意框图。

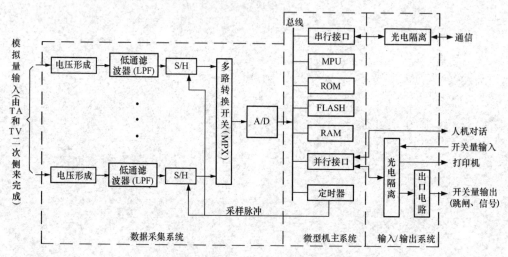

图 1-1　典型的微机保护硬件结构示意框图

目前,随着集成电路技术的不断发展,已有许多单一芯片将微处理器(MPU)、只读存储器(ROM)、随机存取存储器(RAM)、定时器、模数转换器(A/D)、并行接口(PIO)、闪存单元(FLASH)、数字信号处理单元(DSP,Digital Signal Processor)、通信接口等多种功能集成于一个芯片内,构成了功能齐全的单片微型机系统,为微机保护的硬件设计提供了更多的选择。其中,还出现了芯片对外连线没有了任何数据总线、地址总线和控制总线的微型机,实现了"总线不出芯片"的设计,这种芯片的应用将有利于提高微机保护设备的可靠性和抗干扰性能。

　　在集成电路技术飞速发展、单一芯片功能越来越强的情况下，本书不对微型计算机、单片机、微控制器等几个概念进行界定，而统一称为微型机，或沿用 CPU 的简称。

　　由于介绍微型机方面的书籍很多，读者可自行参考，所以本书只分别介绍除微型机主系统以外的各子系统的电路构成原理及其设计原则。

1—2　数据采集系统（模拟量输入系统）

一、电压形成回路

　　微机保护模拟量的设置应以满足保护功能为基本准则，输入的模拟量与计算方法结合后，应能够反应被保护对象的所有故障特征。以高压线路保护和三绕组变压器差动保护为例，由于高压线路保护一般具备了全线速动保护（如高频保护或光纤电流纵联差动保护）、距离保护、零序保护和重合闸功能，所以模拟量一般设置为 I_a、I_b、I_c、$3I_0$、U_a、U_b、U_c、U_x 共 8 个模拟量，其中 I_a、I_b、I_c、$3I_0$、U_a、U_b、U_c 用于构成保护的功能，U_x 为断路器的另一侧电压，用于实现重合闸功能；对于三绕组变压器的差动保护，至少应该接入三侧的三相电流，共 9 个模拟量。

　　微机保护要从被保护的电力线路或设备的电流互感器、电压互感器或其他变换器上取得信息，但这些互感器的二次侧数值、输入范围对典型的微机电路却不适用，故需要降低和变换。在微机保护中，通常根据模数转换器输入范围的要求，将输入信号变换为 $\pm 5V$ 或 $\pm 10V$ 范围内的电压信号。因此，一般采用中间变换器来实现以上的变换。交流电压信号可以采用电压变换器；而将交流电流信号变换为成比例的电压信号，可以采用电抗变换器或电流变换器，且两者各有优缺点。

　　（1）电抗变换器。电抗变换器具有阻止直流、放大高频分量的作用，因此当一次侧流过非正弦电流时，其二次侧电压波形将发生严重的畸变，这是不希望的。电抗变换器的优点是线性范围较大，铁芯不易饱和，有移相作用；另外，其抑制非周期分量的作用在某些应用中也可能成为优点。

　　（2）电流变换器。电流变换器最大优点是，只要铁芯不饱和，则其二次侧电流及并联电阻上的二次侧电压的波形可基本保持与一次侧电流波形相同且同相，即它的传变可使原信息不失真。这点对微机保护是很重要的，因为只有在这种条件下作精确的运算或定量分析才是有意义的。至于移相、提取某一分量或抑制某些分量等，在微机保护中，根据需要可以容易地通过软件来实现。电流变换器的缺点是，在非周期分量的作用下容易饱和，线性度较差，动态范围也较小，这在设计和使用中应予以注意。

　　综合比较电抗变换器和电流变换器的优缺点后，在微机保护中，一般采用电流变换器将电流信号变换为电压信号，当然也有采用电抗变换器的。采用电流变换器时，连接方式如图 1-2 所示，其中 Z 为模拟低通滤波器及 A/D 输入端等回路构成的综合阻抗，在工频信号条件下，该综合阻抗的数值可达 $80k\Omega$ 以上；R_{LH} 为电流变换器二次侧的并联电阻，数值为几欧姆到十几欧姆，远远小于 Z。因为 R_{LH} 与 Z 的数值差别很大，所以由图 1-2 可得

$$u_2 = R_{LH}i_2 = R_{LH}\frac{i_1}{n_{LH}} \tag{1-1}$$

于是，在设计时，相关参数应满足下列条件

$$R_{\text{LH}}\frac{i_{1\max}}{n_{\text{LH}}}\leqslant U_{\max} \tag{1-2}$$

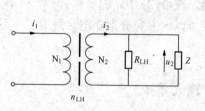

图 1-2　电流变换器的连接方式

式中　R_{LH}——并联电阻；

$\quad\quad n_{\text{LH}}$——电流变换器的变比；

$\quad\quad i_{1\max}$——电流变换器一次电流的最大瞬时值；

$\quad\quad U_{\max}$——A/D 转换器在双极性输入情况下的最大正输入范围，如 A/D 的输入范围为 $\pm 5\text{V}$，则 $U_{\max}=5\text{V}$。

通常，在中间变换器的一次侧和二次侧之间，应设计一个屏蔽层，并将屏蔽层可靠地与地网连接，以便提高交流回路抗共模干扰的能力。在存在共模干扰情况下（差模和共模干扰的示意图参考图 4-1）的等效电路如图 1-3 所示，其中 C_1、C_2 为变换器两侧与屏蔽层之间的等效电容；Z_{L} 为交流输入传输导线的等效阻抗；Z_{f} 为设备对地的等效阻抗；Z_{n} 为接地阻抗（一般要求 $Z_{\text{n}}<0.5\Omega$）。由于 Z_{g} 很小，所以由电路的基本分析可以知道，共模干扰信号对变换器二次侧的影响得到了极大的抑制。这样，这些中间变换器还起到屏蔽和隔离共模干扰信号的作用，可提高交流回路的可靠性。

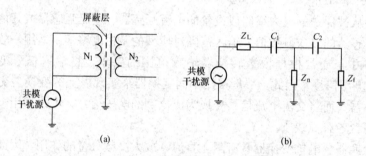

图 1-3　屏蔽层作用的等效电路

(a) 共模干扰及屏蔽层示意图；(b) 屏蔽层作用的等效电路图

顺便指出，在一些需要采集直流信号的场合，通常采用霍尔元件实现变换和隔离。

二、采样保持电路和模拟低通滤波器

（一）采样保持电路的作用及原理

采样保持电路，又称 S/H（Sample/Hold）电路，其作用是在一个极短的时间内测量模拟输入量在该时刻的瞬时值，并在模拟—数字转换器进行转换的期间内保持其输出不变。利用采样保持电路后，可以方便地对多个模拟量实现同时采样。S/H 电路的工作原理可用图 1-4 (a) 来说明，它由一个电子模拟开关 AS、保持电容器 C_{h} 以及两个阻抗变换器组成。模拟开关 AS 受逻辑输入端的电平控制，该逻辑输入就是采样脉冲信号。

在逻辑输入为高电平时 AS 闭合，此时电路处于采样状态。C_{h} 迅速充电或放电到 u_{in} 在采样时刻的电压值。AS 的闭合时间应满足使 C_{h} 有足够的充电或放电时间即采样时间，显然希望采样时间越短越好。这里，应用阻抗变换器 I 的目的是它在输入端呈现高阻抗，对输入回路的影响很小；而输出阻抗很低，使充放电回路的时间常数很小，保证 C_{h} 上的电压能迅速跟踪到在采样时刻的瞬时值 u_{in}。

AS 打开时，电容器 C_{h} 上保持住 AS 闭合时刻的电压，电路处于保持状态。为了提高保持能力，电路中应用了另一个阻抗变换器 II，它在 C_{h} 侧呈现高阻抗，使 C_{h} 对应充放电回路

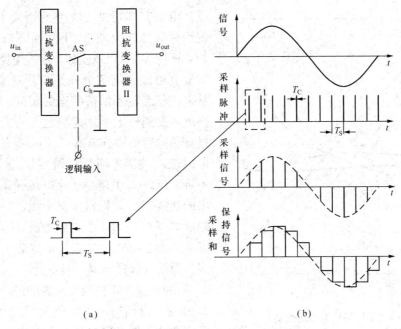

图 1-4 采样保持电路工作原理图及其采样保持过程示意图

(a) 采样保持电路工作原理图；(b) 采样保持过程示意图

的时间常数很大，而输出阻抗（u_{out} 侧）很低，以增强带负载能力。阻抗变换器 I 和 II 可由运算放大器构成。

采样保持的过程如图 1-4（b）所示。图 1-4（b）中，T_C 称为采样脉冲宽度，T_S 称为采样间隔（或称采样周期）。由微型机控制内部的定时器产生一个等间隔的采样脉冲，如图 1-4（b）中的"采样脉冲"，用于对"信号"（模拟量）进行定时采样，从而得到反映输入信号在采样时刻的信息，即图 1-4（b）中的"采样信号"，随后，在一定时间内保持采样信号处于不变的状态，如图 1-4（b）中的"采样和保持信号"，这样，在保持阶段，无论何时进行模数转换，其转换的结果都反映了采样时刻的信息。

（二）对采样保持电路的要求

高质量的采样保持电路应满足以下几点。

（1）C_h 上的电压按一定的精确度（如误差小于 0.1%）跟踪上 u_{in} 所需要的最小采样宽度 T_C（或称为截获时间），对快速变化的信号采样时，要求 T_C 尽量短，以便可用很窄的采样脉冲，这样才能更准确地反映某一时刻的 u_{in} 值。

（2）保持时间要长，通常用下降率 $\dfrac{\Delta u}{T_S - T_C}$ 来表示保持能力。

（3）模拟开关的动作延时、闭合电阻和开断时的漏电流要小。

上述（1）和（2）两个指标一方面决定于图 1-4（a）中所用阻抗变换器的质量，另一方面也和电容器 C_h 的容量有关。就截获时间来说，希望 C_h 越小越好，但必须远大于杂散电容；就保持时间而言，C_h 大一些更有利。因此设计者应根据使用场合的特点，在二者之间权衡后，选择合适的 C_h 值，同时要求选择漏电流小的电容器 C_h。

下面通过图 1-5 所示的一种典型采样保持器的特性曲线，进一步说明采样保持电路的性能与电容 C_h 大小的关系。

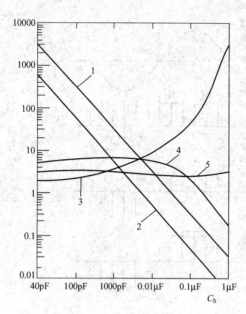

图 1-5　采样保持电路的性能与

电容 C_h 大小的关系曲线

1—保持下降率（mV/s）；2—保持跳变误差（mV）；

3—0.1%误差的截获时间（μs）；4—充电速率（V/μs）；

5—频带（MHz）

由图 1-5 可见，C_h 不宜用太小的值，这不仅因为保持能力随 C_h 下降而下降（图中曲线 1），还因为 C_h 和采样脉冲输入电路之间不可避免地会通过一定的分布电容产生耦合。因而，从采样状态转到保持状态的瞬间，采样脉冲由高电平变到低电平，这种电平的跳变可能要通过分布电容的耦合影响 C_h 的保持值，由于这种原因造成的误差叫保持跳变误差（holdstep）。不难理解，C_h 值越小，保持跳变误差越大（图中的曲线 2）。对微机保护来说，一种选择方案是取 $C_h = 0.01\mu F$，此时从曲线 1 可见，保持下降率约为 2mV/s，完全可以忽略（以后将看到保护系统的采样间隔一般不大于 2ms），而达到 0.1% 的采样跟踪精确度所需的最小截获时间约为 20μs，仅相当于工频电气角度的 0.36°，这是完全允许的。应当说，随着集成电路技术的发展，最小截获时间可以大大缩小。

目前，已有将整个采样保持电路集成在一块芯片上的器件，但其中不包括采样电容器 C_h （需外接）。这一方面是因为用集成电路构成电容器困难；另一方面是为了增加设计的灵活性，可根据不同的应用场合，选用不同容量的电容器 C_h。

图 1-6（a）就是 LF-398 型采样保持电路芯片（采样保持器）的原理图。其他型号采样保持器的工作原理大同小异。电路主要由两只高性能的运算放大器 A1、A2 构成的跟随器组成。其中 A2 是典型的跟随器接法，其反相端直接与输出端相连。由于运算放大器的开环放大倍数极高，两个输入端之间的电位差实际上为零，所以输出端对地电压能跟踪上输入端对地电压，也就是保持电容器 C_h 两端的电压。A1 的接法和 A2 实质相同，在采样状态（AS 接通时），A1 的反相输入端从 A2 输出端经电阻器 R 获得负反馈，使输出跟踪输入电压。在 AS 断开后的保持阶段，虽然模拟量输入仍在变化，但 A2 的输出电压却不再变化，这样，A1 不再从 A2 的输出端获得负反馈，为此，在 A1 的输出端和反相输入端之间跨接了两个反向并联的二极管，直接从 A1 的输出端经过二极管获得负反馈，以防止 A1 进入饱和区，同时配合电阻器 R 起到隔离第二级输出与第一级的联系。

跟随器的输入阻抗很高（达 $10^{10}\Omega$），输出阻抗很低（最大 6Ω），因而 A1 对输入信号 u_{in} 来说是高阻；而在采样状态时，对电容器 C_h 为低阻充放电，故可快速采样。又由于 A2 的缓冲和隔离作用，使电路有较好的保持性能。

AS 为场效应晶体管模拟开关，由运算放大器 A3 驱动。A3 的逻辑输入端 $S/\overline{H}$ 由外部电路（通常可由定时器）按一定时序控制，进而控制着 C_h 处于采样或保持状态。符号 $S/\overline{H}$ 表示该端子有双重功能，即 $S/\overline{H} =$ "1" 电平为采样（Sample）功能，$S/\overline{H} =$ "0" 电平为保持（Hold）功能。某个符号上面带一横，表示该功能为低电平有效，这是数字电路的习惯表示法。

图 1-6（b）中的端子 2 用于调零。实际上，零漂一般很小，在要求不是特别高的情况

下，可将端子2开路。

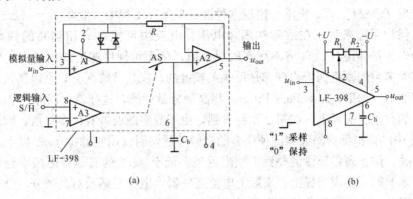

图1-6 LF-398型采样保持电路芯片原理图及实用接线图

(a) 原理图；(b) 实用接线图

（三）采样频率的选择和模拟低通滤波器的应用

由于电网频率的波动较小，所以通常按照时间等间隔来设计采样间隔 T_S，完全满足工程的实际要求，这种方法的 T_S 控制方式很简单。另外，在测量正常运行参数等场合，为了进一步提高计算精确度，还有按照电气角度等间隔的方法设计采样间隔，此时需要跟踪电网的基波周期来调整采样间隔，通常采用跟踪电压信号周期的方法，以避免电流太小时（如轻载）无法实现正确地跟踪。

采样间隔 T_S 的倒数称为采样频率 f_S。采样频率的选择是微机保护硬件设计中的一个关键问题，为此要综合考虑很多因素，并要从中作出权衡。采样频率越高，要求微型机的运行速度越高。因为微机保护是一个实时系统，数据采集系统以采样频率不断地向微型机输入数据，微型机必须要来得及在两个相邻采样间隔时间 T_S 内，处理完对每一组采样值所必须做的各种操作和运算，否则微型机将跟不上实时节拍而无法工作。相反，采样频率过低，将不能真实地反映被采样信号的情况。由采样定理 $f_S > 2f_{max}$ 可以知道，如果被采样信号中所含最高频率成分的频率为 f_{max}，则采样频率 f_S 必须大于 f_{max} 的2倍。采样频率的设置在满足采样定理后，才能通过一定的计算方法，从采样信号中获取连续时间信号的有关信息。当然，还应考虑采样信号整量化的影响。

这里仅从概念上来说明采样频率过低造成频率混叠的原因。设被采样信号 $x(t)$ 中含有的最高频率为 f_{max}，现将 $x(t)$ 中这一频率成分 $x_{f_{max}}(t)$ 单独画在图1-7（a）中。从图1-7（b）可以看出，当 $f_S = f_{max}$ 时，采样所看到的为一直流成分；而从图1-7（c）看出，当 f_S 略小于 f_{max} 时，采样所看到的是一个差拍低频信号。这就是说，一个高于 $f_S/2$ 的频

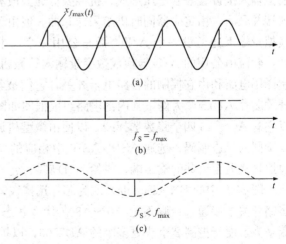

图1-7 频率混叠示意图

(a) $x_{f_{max}}(t)$ 波形；(b) $f_S = f_{max}$ 采样波形；

(c) $f_S < f_{max}$ 采样波形

率成分在采样后将被错误地认为是一低频信号，或称高频信号"混叠"到了低频段。显然，满足采样定理 $f_s > 2f_{max}$ 后，将不会出现这种混叠现象。工程中一般取 $f_s = (2.5 \sim 3) f_{max}$。

对微机保护系统来说，在故障初瞬，电压、电流中可能含有相当高的频率分量（如 2kHz 以上），为防止混叠，f_s 将不得不取很高值，从而对硬件速度提出过高的要求。但实际上，目前大多数的微机保护原理都是反映工频量的，在这种情况下，可以在采样前用一个低通模拟滤波器（LPF，Low Pass Filter）将高频分量滤掉，这样就可以降低 f_s，从而降低对硬件提出的要求。实际上，在第 2 章将看到，由于数字滤波器有许多优点，因而通常并不要求图 1-1 中的模拟低通滤波器滤掉所有的高频分量，而仅用它滤掉 $f_s/2$ 以上的分量，以消除频率混叠，防止高频分量混叠到工频附近来。低于 $f_s/2$ 的其他暂态频率分量，可以通过数字滤波来滤除。还应当提出，实际上电流互感器、电压互感器对高频分量已有相当大的抑制作用，因此不必对抗混叠的模拟低通滤波器的频率特性提出很严格的要求，如不一定要

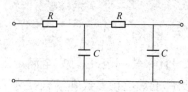

图 1-8　RC 低通滤波器

求很陡的过渡带，也不一定要求阻带有理想的衰耗特性，否则高阶的模拟滤波器将带来较长的过渡过程，影响保护的快速动作。最简单的模拟低通滤波器如图 1-8 所示，其中的一种参数设计为 $R = 4.3 \text{k}\Omega$，$C = 0.1 \mu F$。

采用低通滤波器消除频率混叠问题后，采样频率的选择在很大程度上取决于保护的原理和算法的要求，同时还要考虑硬件的速度问题。例如，一种常用的采样频率是使采样间隔 $T_s = 5/3 \text{ms}$，这正好相当于工频 30°，因而可以很方便地实现 30°、60° 或 90° 移相，从而构成负序滤过器等。考虑到硬件目前实际可达到的速度和保护算法的要求，绝大多数微机保护的采样间隔 T_s 都在 $0.1 \sim 2 \text{ms}$ 的范围内。

三、模拟量多路转换开关

对于反映两个量以上的继电保护装置，如反映阻抗、功率方向等的继电保护装置，都要求对各个模拟量同时采样，以准确地获得各个量之间的相位关系，因而图 1-1 中要对每个模拟输入量设置一套电压形成、抗混叠低通滤波和采样保持电路。所有采样保持器的逻辑输入端并联后，由定时器同时供给采样脉冲。但由于模数转换器价格相对较贵，通常不是每个模拟量输入通道设一个 A/D，而是公用一个，中间经多路转换开关 MPX（Multiplex）切换，轮流由公用的 A/D 转换成数字量输入给微机。多路转换开关包括选择接通路数的二进制译码电路和由它控制的各路电子开关，它们被集成在一个电路芯片中。以 16 路多路转换开关芯片 AD7506 为例，其内部电路组成框图如图 1-9 所示。因为要选择 16 路输入量，所以它有 A0~A3 四个路数选择线，以便由微型机通过并行接口或其他硬件电路给 A0~A3 赋以不同的二进制码，选通 AS1~AS16 中相应的一路电子开关 AS，从而将被选中的某一路模拟量接通至公共的输出端，供给 A/D 转换器。

图 1-9 中的 EN（Enable）端为芯片选择线，也称为允许端，只有在 EN 端为高电平时多路开关才接通，否则不论 A0~A3 在什么状态，AS1~AS16 均处于断开状态。设置 EN 端是为了便于控制 2 个或更多的 AD7506，以扩充多路转换开关的路数。

MPX 中的模拟电子开关 AS 在 D/A、A/D、S/H 电路中应用甚广，现作简单介绍。它是用电子逻辑（数字）控制模拟信号通、断的一种电路，通常有双极型晶体管（BJT）、结型场效应晶体管（J-FET）或金属氧化物半导体场效应管（MOS-FET）等类型组成的电子

开关。BJT 模拟电子开关是用得最早的一种，电路原理图如图 1-10 所示，这是一种反接晶体管模拟开关，该电路可直接用 TTL 数字逻辑电路控制。

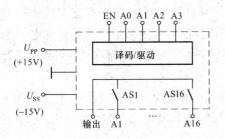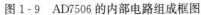

图 1-9　AD7506 的内部电路组成框图

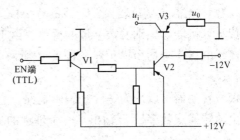

图 1-10　BJT 模拟电子开关电路原理图

当控制信号为低电平时，V1、V2 截止，V3 导通。当控制信号为高电平时，V1、V2 导通，V3 截止。这种电路导通误差电压大约为 1~2mV，精度不高。为了提高精度，还可以采用并联互补、串联补偿等电路。

J-FET 组成的模拟电子开关性能更好，导通电阻小，截断时只有极微小的漏电流，因此应用广泛。其电路原理如图 1-11 所示。

这是一个互补双路开关。当 u_c 为高电平时，V1、V2 导通，V3 截止，V4 导通，$u_0 = u_{i2}$；当 u_c 为低电压时，V1、V2 截止，V3 导通，V4 截止，$u_0 = u_{i1}$。

MOS-FET 组成的模拟电子开关性能和 J-FET 类似，但它更容易制成集成电路，成本低，因此使用越来越广泛。其电路原理如图 1-12 所示。

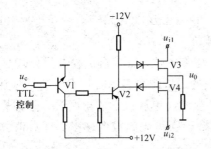

图 1-11　J-FET 模拟电子开关电路原理图

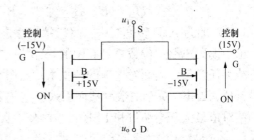

图 1-12　MOS-FET 模拟电子开关电路原理图

这是一个互补型 MOS-FET 的模拟电子开关 AS 电路（简称 CMOS-FET AS），用两个增强型的 MOS-FET 并联，一个是 P 沟道，一个是 N 沟道。为使开关导通，要求 PMOS（P 沟道的 MOS-FET）的控制电压为负值，同时要求 NMOS（N 沟道的 MOS-FET）的控制电压为正值，图 1-12 中分别用向下及向上的箭头表示。当输入电压 u_i 为零时，PMOS 的 $u_{GS} = -15V$，NMOS 的 $u_{GS} = +15V$，故 PMOS 与 NMOS 两者均导通。开关导通电阻为两个 FET 的电阻并联，电阻很低。当输入电压 $u_i = -15V$ 时，PMOS 的 $u_{GS} = -30V$，NMOS 的 $u_{GS} = 0V$，此时 PMOS 导通，NMOS 截止，有一个 FET 导通，电阻也很低。当输入电压 $u_i = +15V$ 时，PMOS 的 $u_{GS} = 0V$，NMOS 的 $u_{GS} = +30V$，此时 NMOS 导通，PMOS 截止，电阻也很低。因此不论输入电压如何变化，导通时，导通电阻基本不受输入电压 u_i 变化的影响。

在应用中，不论是哪种电路构成的模拟电子开关，一般分成电压开关和电流开关两种。电流开关比电压开关的工作速度高得多。

四、模数转换器

（一）模数转换器的一般原理

模数转换器（A/D 转换器，或简称 ADC）是实现计算机控制的关键技术，是将模拟量转变成计算机能够识别的数字量的桥梁。由于计算机只能对数字量进行运算，而电力系统中的电流、电压信号均为模拟量，因此必须采用模数转换器将连续的模拟量转变为离散的数字量。

模数转换器可以认为是一个编码电路。它将输入的模拟量 U_{in} 相对于模拟参考量 U_R 经编码电路转换成数字量 D 输出。一个理想的 A/D 转换器，其输出与输入的关系式为

$$D = \left[\frac{U_{in}}{U_R} \right] \tag{1-3}$$

式中　D——一般为小于 1 的二进制数（与 A/D 的进位技术有关）；

　　　U_{in}——输入信号；

　　　U_R——参考电压，也反映了模拟量的最大输入值。

对于单极性的模拟量，小数点在最高位前，即要求输入 U_{in} 必须小于 U_R。D 可表示为

$$D = B_1 \times 2^{-1} + B_2 \times 2^{-2} + \cdots + B_n \times 2^{-n} \tag{1-4}$$

式中　B_1——其最高位，常用英文缩写 MSB（Most Significant Bit）表示；

　　　B_n——最低位，英文缩写为 LSB（Least Significant Bit）；

　　$B_1 \sim B_n$——均为二进制码，其值只能是"1"或"0"。

因而，式（1-3）又可写为

$$U_{in} \approx U_R(B_1 \times 2^{-1} + B_2 \times 2^{-2} + \cdots + B_n \times 2^{-n}) \tag{1-5}$$

式（1-5）即为 A/D 转换器中，将模拟信号进行量化的表示式。

由于编码电路的位数总是有限的，如式（1-5）中有 n 位，而实际的模拟量公式 U_{in}/U_R 却可能为任意值，因而对连续的模拟量用有限长位数的二进制数表示时，不可避免地要舍去比最低位（LSB）更小的数，从而引入一定的误差。显然，单从数学的角度看，这种量化误差的绝对值最大不会超过和 LSB 相当的值。因而模数转换编码的位数越多，即数值分得越细，所引入的量化误差就越小，或称分辨率就越高。量化误差为 $q = \frac{1}{2^n} U_R$。

模数转换器有线性变换、双积分、逐次逼近方式等多种工作方式，这里仅以逐次逼近方式为例，介绍 A/D 模数转换器的工作原理。

（二）数模转换器（DAC 或 D/A 转换器）

由于逐次逼近式模数转换器一般要用到数模转换器，同时，在继电保护测试仪中，也广泛地将 D/A 数模转换器应用于模拟量输出的控制，因此先介绍一下 D/A 数模转换器。

数模转换器的作用是将数字量 D 经解码电路变成模拟电压或电流输出。数字量是用代码按数位的权组合起来表示的，每一位代码都有一定的权，即代表一个具体数值。因此，为了将数字量转换成模拟量，必须先将每一位代码按其权的值转换成相应的模拟量，然后将代表各位的模拟量相加，即可得到与被转换数字量相当的模拟量，完成了数模转换。

图 1-13 为一个 4 位数模转换器的原理图，更多位数的情况与此类似。

图 1-13 中，电子开关 K0～K3 分别受输入 4 位数字量 $B_4 \sim B_1$ 控制。在某一位为"0"时，其对应开关合向右侧，即接地。而为"1"时，开关合向左侧，即接至运算放大器 A 的

反相输入端（虚地）。流向运算放大器反相端的总电流 I_Σ 反映了 4 位输入数字量的大小，它经过带负反馈电阻 R_F 的运算放大器，变换成电压 u_{out} 输出。由于运算放大器 A 的"＋"端接参考地，所以其负端为"虚地"，这样运算放大器 A 的反相输入端的电位实际上也是地电位，因此不论图 1-13 中各开关合向哪一侧，对图 1-13 中电阻网络

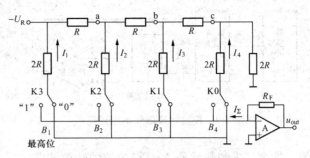

图 1-13　4 位数模转换器原理图

的电流分配（$I_1 \sim I_4$）是没有影响的。在图 1-13 中，电阻网络有一个特点，从 $-U_R$、a、b、c 四点分别向右看，网络的等值阻抗都是 R，因而 a 点电位必定是 $1/2U_R$，b 点电位则为 $1/4U_R$，c 点为 $1/8U_R$。

相应的，图 1-13 中各电流分别为

$$I_1 = U_R/2R, \quad I_2 = 1/2I_1, \quad I_3 = 1/4I_1, \quad I_4 = 1/8I_1$$

各电流之间的相对关系正是二进制数每一位之间的权的关系，因而，图 1-13 中，总电流 I_Σ 必然正比于数字量 D。式（1-4）已给出

$$D = B_1 \times 2^{-1} + B_2 \times 2^{-2} + \cdots + B_n \times 2^{-n}$$

由图 1-13 得

$$I_\Sigma = B_1 I_1 + B_2 I_2 + B_3 I_3 + B_4 I_4$$

$$= \frac{U_R}{R}(B_1 \times 2^{-1} + B_2 \times 2^{-2} + B_3 \times 2^{-3} + B_4 \times 2^{-4}) = \frac{U_R}{R}D$$

而输出电压为

$$u_{out} = I_\Sigma R_F = \frac{U_R R_F}{R}D \tag{1-6}$$

可见，输出模拟电压正比于控制输入的数字量 D，比例常数为 $\dfrac{U_R R_F}{R}$。

如图 1-13 所示数模转换器电路通常被集成在一块芯片上。由于采用激光技术，集成电阻值可以制作得相当精确，因而数模转换器的精确度主要取决于参考电压或称基准电压 U_R 的精确度和纹波情况，当然也与电路的线路布置有关。很多芯片在内部设有一个经温度补偿的齐纳二极管稳压回路，将外加给芯片的电源电压经进一步稳压后提供 U_R，因而精确度很高。

如图 1-13 所示，D/A 转换器的电路只是很多方案中的一种。目前 D/A 芯片种类很多，有的是电流输出的，也有的是用正极性参考电压的，以适应各种不同场合的需要。

（三）逐次逼近法模数转换器的基本原理

图 1-14 所示为一个应用微型机控制一片 16 位 D/A 转换器和一个比较器，实现模数转换的基本原理框图。该图是在微型机控制下由软件来实现逐次逼近的，仅作为理解 A/D 转换逐次逼近过程使用。实际上，逐次逼近式 A/D 转换过程的控制、比较都是由硬件控制电路自动实现的，并且整个电路都集成在一块芯片上。但从图 1-14 可以很清楚地理解逐次逼近法 A/D 转换的基本原理。

图 1-14 的模数转换器工作原理如下。并行接口的 PB15～PB0 用作输出，由微型机通过该口往 16 位 D/A 转换器试探性的送数。每送一个数，微型机通过读取并行口的 PA0（用

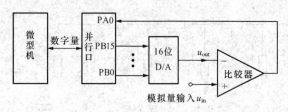

图 1-14　模数转换器基本原理框图

作输入）的状态（"1"或"0"）来观察试送的 16 位数相对于模拟输入量是偏大还是偏小。如果偏大，即 D/A 转换器的输出 u_{out} 大于待转换的模拟输入电压，则比较器输出"0"，否则为"1"。通过软件方法，如此不断地修正送往 D/A 转换器的 16 位二进制数，直到找到最相近的二进制数值，这个二进制数就是 A/D 转换器的转换结果。

逼近的步骤通常采用二分搜索法，对于 16 位的转换器来说，最大可能的转换结果为二进制数 1111'1111'1111'1111，用 16 进制表示为 FFFFH（H 为 16 进制符号），为了简便起见，下面的转换过程均用 16 进制数表示。

第一步试探，先试最大可能值的 1/2，即试送 8000H，如果比较器输出为"1"，即说明 D/A 转换器输出偏小，则可以肯定模拟量大于最大量值的一半，最高位的最终结果必定为 1；反之，最高位为 0。第二步应当试送次高位为 1。如果第一次试送已确定最高位为 1 后，则第二步应试送 C000H（即 1100'0000'0000'0000）。如果第一次试送已确定最高位为 0 后，则第二步应试送 4000H。如此逐位确定，直至最低位，完成全部比较。

图 1-15 所示为一个三位转换器的二分搜索法示意图，其中大于、小于符号的判别是指：输入模拟量－D/A 输出的值。

二分搜索法是一种最快的逼近方法，n 位转换器只要比较 n 次即可，比较次数与输入模拟量的大小无关。

从上述工作原理可以看出，在图 1-14 中，输入模拟电压的允许最大值等于对 D/A 转换器输入最大数字量（FFFFH）时 D/A 转换器

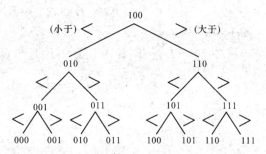

图 1-15　三位转换器的二分搜索法示意图

的输出电压。由式（1-6）可见，它决定于参考电压 U_R 以及电阻 R 和 R_F。大多数 D/A 转换器的 R 和 R_F 采用相同阻值，因而输入电压的最大值通常就是参考电压值，一般为 10V 或 20V。如果输入电压超过这个最大值，则 A/D 转换结果将保持在最大值（FFFFH），从而造成平顶波，这种现象叫溢出，如图 1-18（a）中的曲线 1，其原始信号的虚线部分被削掉了。溢出现象在设计电路时应予以考虑。

此外，这种原理原则上只适用于单极性输入电压。对图 1-14 所示的接法，输入电压必须是正的，如果为负，则不论负值多大，比较结果必然是 0000H。但继电保护所反映的交流电流、交流电压都是双极性的，为了实现对双极性模拟量的模数转换，需要设置一个直流偏置量，其值为最大允许输入量的一半。将此偏置直流量同交变的输入量相加，变成单极性模拟量后再接到比较器，接法如图 1-16 所示。显然双极性接法时，允许的最大输入电压幅值将比单极性时缩小一半。如单极性时允许电压的输入范围为 0～+10V，则接成双极性时，偏置电压应当取+5V，这样，输入双极性电压的最大允许范围为±5V。这一点可以从图 1-17 清楚地看出。加上偏置电压后，A/D 转换器的数字量输出实际反映的是 u_{in} 和 U_{pz} 之和。只要减去同 U_{pz} 所相当的数字量，就能还原成用补码形式表示的与双极性输入对应的数字量

输出。以 16 位的 A/D 转换器为例，如果 10V 相当于单极性的最大输出 FFFFH，则＋5V 的偏置相当于 8000H。任何 16 位二进制数减去 8000H，相当于把最高位倒相（即"1"变"0"，或"0"变"1"）。表 1-1 给出了 u_{in} 为 0V、＋5V 和－5V 三种情况下 A/D 转换器的输出。

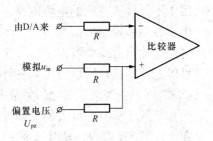

图 1-16　A/D 转换器的双极性连接图

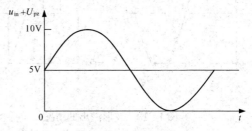

图 1-17　加偏置电压后输入双极性波形图

将 A/D 转换器的输出减去偏置分量，从而还原成不带偏置的补码形式，其大小和符号均与输入模拟量对应，这种操作可以由微型机用软件来进行，也可以由硬件来完成，这只要在 A/D 转换器输出的最高位 MSB 处接一个反相器即可。实际上，大部分 A/D 转换器在设计时已考虑了双极性输入的情况，可以直接以 2 的补码形式输出，不必再进行减去偏置分量的操作。

表 1-1　　　　　　　　　　A/D 转换器的输出（u_{in} 为 0、＋5、－5V）

交变信号 u_{in}	偏置电压 U_{pz}	A/D 输入端电压	带偏置电压的 A/D 输出	最高位反相后的补码形式
＋5V	＋5V	＋10V	FFFFH	7FFFH（最大正值）
0V	＋5V	＋5V	8000H	0000H（零）
－5V	＋5V	0V	0000H	8000H（最大负值）

从表 1-1 的补码形式可以看出，最高位实际是符号位（0000H 也被当作符号为正），小数点在最高位后面。就绝对值来说，16 位 A/D 转换器的有效位只是 15 位，用十进制数表示其数字量的范围是－32768～32767。n 位的 A/D 转换器，其十进制数的范围是 $-2^{n-1}\sim(2^{n-1}-1)$。

在微机保护中，当输入模拟量极大时，出现小部分平顶波溢出的危害并不是特别严重，因为在微型机得到采样值后，还可以经过数字滤波器（详见第 2 章），从而将图 1-18（a）中曲线 1 的平顶波信号修正成为曲线 2 的信号，这里假定将采样信号还原为模拟信号。于是，基波幅值和相位均得到了有效的修正，基波相位可以做到基本不受影响，对电流保护和阻抗保护的影响较小。

但是，应当指出，不允许出现图 1-18（b）所示的溢出现象，这种现象对微机保护的危害是致命的。如果电流信号出现这种溢出情况，则出口短路可能会被计算成区外短路，导致拒动。避免这种溢出现象的常用方法有：①采用类似于逐次逼近方式的 A/D 转换器；②在 A/D 转换器之前采用限幅措施；③调整模拟量回路的增益。

（四）A/D 转换器举例

A/D 转换的类型有并行、积分型、逐次逼近型、流水线型和 $\Sigma-\Delta$ 型等。在 A/D 转换器件中，AD7665 是一种逐次逼近型的 16 位快速模数转换器，转换速率为 500kSPS（Sam-

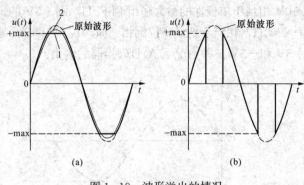

图 1-18 波形溢出的情况

(a) 可修正的溢出；（b）不可修正的溢出

ples Per Second）或 570kSPS。器件内部包含了一个高速的 16 位数模转换电路，一个采样保持电路，一个适用于不同输入范围的电阻电路，一个用于控制转换的内部时钟，一个纠错电路。输出方式既可以是串行接口也可以是并行接口，以便于和各种微型机接口。AD7665 的温度范围从 $-40℃$ 到 $+85℃$，最大的非线性误差在 ±2.5LSB 以内，转换噪声的典型值为 0.7LSB，其功能框图如图 1-19 所示。

AD7665 器件对外连接可以分成以下几部分来说明。

1. 电源

DVDD、DGND（Digital Ground）分别为器件内部的数字工作电源 $+5$V 和数字地。

OVDD、OGND（Output Ground）分别为数字接口的电源端和零线。一般情况下，如果 AD7665 器件直接与微型机连接时，可以将这两个端子与数字电源和数字地直接相连。

AVDD、AGND（Analog Ground）为模拟量输入侧的电源和模拟地，仅需要单一的 5V 电源。在器件内部，AGND 与 DGND、OGND 是完全分开的。

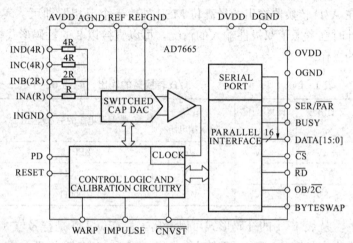

图 1-19 AD7665 功能框图

对于所有的模数转换器，均应在器件外部将所有模拟地先与输入模拟量的零线直接相连，尔后只允许有一点与数字地连接，以免数字地回路上通过电流造成的压降串入模拟量输入回路，从而引起模数转换的噪声。

REF、REFGND 为参考电源及其地线端子。为了保证 A/D 的高精度和高稳定性，REF 端应接高精度和温度特性优良的参考电源模块，作为 A/D 转换的参考电源，REFGND 可与模拟地 AGND 直接相连。

2. 模拟量输入

AD7665 在输入回路中设计了电阻网络，使得输入方式十分灵活，适合于不同的应用场合。双极性输入范围为 ±10、±5、±2.5V；单极性输入范围为 $0\sim10$V、$0\sim5$V、$0\sim2.5$V。对于不同的输入方式和输入范围，AD7665 模拟量输入端应按照表 1-2 的方法连接，显然，为了做到输入方式灵活，也使得单一输入方式下的接线复杂一些。

表 1 - 2　　　　　　　　　　　　　　输入方式与输入端子的连接

电压输入范围	IND（4R）	INC（4R）	INB（2R）	INA（R）	典型输入阻抗
±10V	u_{in}	输入模拟地	输入模拟地	REF	5.85kΩ
±5V	u_{in}	u_{in}	输入模拟地	REF	3.41kΩ
±2.5V	u_{in}	u_{in}	u_{in}	REF	2.56kΩ
0～10V	u_{in}	u_{in}	输入模拟地	输入模拟地	3.41kΩ
0～5V	u_{in}	u_{in}	u_{in}	输入模拟地	2.56kΩ
0～2.5V	u_{in}	u_{in}	u_{in}	u_{in}	高阻

3. 方式选择

OB/$\overline{2C}$（Output Binary/2's Complement）用于选择是二进制的直接输出，还是以 2 的补码方式输出。当 OB/$\overline{2C}$端子接 0 电平时，选择为 2 的补码方式输出；当接 1 电平时，选择二进制的直接输出。对于双极性输入的方式，宜采用 2 的补码方式输出，此时，输出数据中已减去了偏移量的影响，保证了输出的数值大小与输入模拟量成正比，且符号也一致，可以直接使用 A/D 的输出结果。

WARP、IMPULSE 为方式选择。当 WARP＝1、IMPULSE＝0 时，AD7665 选择最快速的转换方式，以便完成最多的转换次数，当然为了保证精确度，应限定一个最小的转换速率；当 WARP＝0、IMPULSE＝1 时，采用普通的触发转换方式，这种方式可以减少功耗。

SER/$\overline{PAR}$（Serial/Parallel）为串行或并行输出方式的选择。当 SER/$\overline{PAR}$接 1 电平时，输出为串行方式；当 SER/$\overline{PAR}$接 0 电平时，输出为并行方式。

BYTESWAP 用于并行输出方式的控制。当 BYTESWAP＝0 时，A/D 转换器的输出结果按器件标明的 D15～D0 管脚一一对应输出；当 BYTESWAP＝1 时，A/D 转换器的输出结果将高八位与低八位交换位置，提供一种方便印刷电路板布线的选择，避免过多的交叉布线。具体对应关系见表 1 - 3。

表 1 - 3　　　　　　　　　　　　　并行数据输出与管脚的对应关系

数据输出　　　　　　管脚定义 输出方式控制	DATA15	...	DATA8	DATA7	...	DATA0
BYTESWAP＝0	D15		D8	D7		D0
BYTESWAP＝1	D7		D0	D15		D8

4. 控制信号

RESET 为复位输入。当该端子输入逻辑 1 时，无论 A/D 器件处于什么状态，均被强制复位，任何正在进行的转换工作都不再继续进行。

$\overline{RD}$（Read）、$\overline{CS}$（Chip Select）分别为读数据和片选控制信号。当$\overline{RD}$和$\overline{CS}$均为 0 电平时，输出数据才有效。其中，$\overline{CS}$还可以用于开放串行时钟。

$\overline{CNVST}$（Start Conversion）为启动 A/D 转换输入端。在$\overline{CNVST}$下降沿时，先触发内部的采样保持电路，随即开始模数转换。

PD（Power-Down）为睡眠方式控制端。在睡眠状态，可以降低器件功耗。由于微机保护每时每刻都在监视电力系统的运行情况，所以不允许 A/D 转换器工作在睡眠方式，应将

PD 端接地。

BUSY 在 1 电平时，表示 A/D 转换器正在转换，处于"忙"状态；当转换结束，且数据锁存到缓冲寄存器后，BUSY 产生一个下降沿，并处于 0 电平状态，表明输出数据准备就绪，可以读取。

5. 并行输出方式的数据信号

并行输出方式的数据信号为 DATA15～DATA0。

6. 串行输出方式的接口信号

由于采用串行输出方式，所以取消并行接口的 DATA15～DATA0 信号，将相应的管脚设置为串行接口信号。

1）SYNC 用作串行数据传递过程的同步信号，保证串行数据工作在同步状态下。

2）SCLK 为串行时钟信号，由 EXT/$\overline{\text{INT}}$ 选择采用内部时钟还是外部时钟。

3）SDOUT 为串行数据输出端。传输顺序是先送高位，后送低位。

4）RDERROR 为读数出错信号。

5）DIVSCLK 当 EXT/$\overline{\text{INT}}$＝0、RDC/$\overline{\text{SDIN}}$＝0 时，DIVSCLK 用于降低内部时钟信号；在其他串行方式时，该信号无效。

6）EXT/$\overline{\text{INT}}$ 为内部和外部时钟选择。当 EXT/$\overline{\text{INT}}$＝0 时，将器件内部时钟送至 SCLK 端，作为时钟输出；当 EXT/$\overline{\text{INT}}$＝1 时，输出数据将与连至 SCLK 端的输入时钟同步，外部时钟还受片选 $\overline{\text{CS}}$ 开放控制。

7）INVSYNC 用于选择同步信号 SYNC 的有效状态。当 INVSYNC＝0 时，SYNC 为"1"有效；当 INVSYNC＝1 时，SYNC 为"0"有效。

8）INSCLK 是一个与串行时钟 SCLK 反相的信号，便于不同方式的选择。

9）RDC/$\overline{\text{SDIN}}$ 与 EXT/$\overline{\text{INT}}$ 信号组合在一起，既可选择外部数据输入，还可选择读的方式。在 EXT/$\overline{\text{INT}}$＝0 情况下，RDC/$\overline{\text{SDIN}}$ 用于选择读方式，其中，RDC/$\overline{\text{SDIN}}$＝1 时，就可以将上一次的转换结果直接输出到 SDOUT 端，可以构成连续转换；RDC/$\overline{\text{SDIN}}$＝0 时，只能在 A/D 转换结束后，才可以将数据输出到 SDOUT 端。在 EXT/$\overline{\text{INT}}$＝1 情况下，RDC/$\overline{\text{SDIN}}$ 可以用于构成多 A/D 芯片的菊花链（Daisy Chain）方式，此时 RDC/$\overline{\text{SDIN}}$ 的输入数据可以是其他 ADC 的数据输出信号 SDOUT，这样多片 ADC 就可以共用一个数据传输线 SDOUT，便于和一个微型机连接。

（五）模数转换器与微型机的接口

图 1-20～图 1-22 分别为模数转换器 AD7665 与微型机的并行接口、串行接口和菊花链方式接口的典型连接电路示意图。

由于 AD7665 器件的转换速度和微型机的指令速度都较快，因此 A/D 转换与微型机的接口方式常用查询方式或中断方式。无论采取何种接口和读取数据方式，都要求实时读取 A/D 转换结果。下面以图 1-20 并行接口和查询方式为例，介绍数据采集系统的工作过程，其他的工作方式与此差别不大。

图 1-20 中，$\overline{\text{CS}}$、OB/$\overline{\text{2C}}$、WARP、SER/$\overline{\text{PAR}}$、BYTESWAP、RESET、PD 和 IMPULSE 等管脚的"0"或"1"设置，主要是将 AD7665 器件设置为并行工作，且输出为 2 的补码方式。为了实现图 1-20 的电路功能，微型机还应在初始化程序中，将 PA 口（PA0～PA15）和 PB7 设置为输入方式，将 PB0～PB5 设置为输出方式，设计定时器采样间

隔 T_S 和采样脉冲信号，同时将存数指针（POINT）设置为等于采样值存储区的首地址。

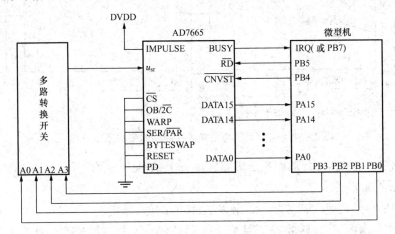

图 1-20　AD7665 的并行接口典型连接电路示意图

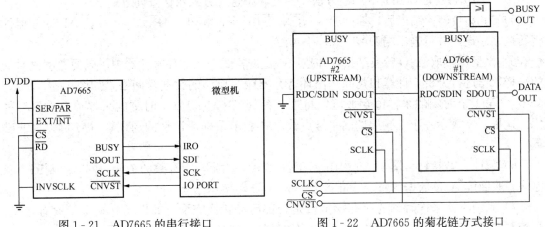

图 1-21　AD7665 的串行接口　　　　　图 1-22　AD7665 的菊花链方式接口
典型连接电路示意图　　　　　　　　　　典型连接电路示意图

　　如前所述，微机保护的采样脉冲由定时器产生。为了实时、快速地进行 A/D 转换，将采样信号转换成数字量，在微机保护中可以利用采样脉冲的下降沿作为微型机的中断信号，从而触发微型机响应中断，保证中断服务程序能够快速地与采样脉冲实现同步。在微型机的多个中断源中，一般将完成数据采集系统功能的中断设置为优先级最高。这样，就可以将需要实时、快速、与采样脉冲同步的功能程序放在优先级最高的中断服务程序中予以执行。微机保护数据采集系统的控制和 A/D 数据存储，就是属于需要实时、快速、与采样脉冲同步的功能之一。应该说，数据采集系统与中断的配合方式还有多种方案，这里介绍的只是较为典型的一种方案。

　　于是，在每一个采样信号 T_c 到来时，由采样脉冲控制采样保持器（如图 1-1 所示），对所有模拟量进行同时采样，保证同时性；当采样信号 T_c 结束时，采样脉冲的下降沿触发微型机产生一次中断，从而让微型机执行一次中断，在中断服务程序中完成数据采集系统的控制和数据的存储。数据采集系统与采样脉冲之间的时序关系如图 1-23 所示。

　　在中断服务程序中，数据采集系统的软件控制流程之一如图 1-24 所示。图 1-24 中，数据采集系统控制流程的工作过程如下。

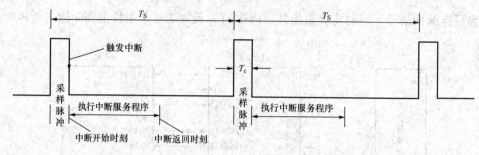

图 1-23　采集系统与采样脉冲间的时序关系示意图

1）控制 PB0～PB3=0，从而控制多路转换开关的 A0～A3，先将 0 通道的模拟量连接到 A/D 的输入端 u_{in}。

2）控制 PB4=0，使 $\overline{CNVST}$=0，触发 AD7665 开始转换。

3）判断这一次的 A/D 转换是否结束。按照 AD7665 的转换速率，这个时间约为 $2\mu s$。正是由于采用了查询 BUSY 状态的方法，因此，将这种方式叫作查询方式。

4）当 A/D 转换结束后，控制 PB4（$\overline{CNVST}$）=1 和 PB5（$\overline{RD}$）=0，让 AD7665 器件将转换结果送到并行输出端 DATA15～DATA0。

5）微型机读取 A/D 转换结果，并按照一定的格式存入循环寄存器中，以便微型机对新的采样数据进行分析、计算和判断。循环寄存器较为典型的数据存储格式如图 1-25 所示，其中，"第 1 个时刻的采样值存放区"将被"第（$N \times M+1$）个时刻的采样值存放区"替代。这里，N 表示一个工频周期的采样点数，M 表示采样值记忆的周期数（M 可以为非整数）。

6）修改存数指针（图 1-25 中用 POINT 表示）为下一个存数的单元，同时控制 $\overline{RD}$ 为 1 电平，收回读 A/D 数据的命令，准备下一次 A/D 转换。

7）判断本次采样时刻的所有模拟量是否都已经转换完毕。如果还有模拟量没有转换，则控制 PB0～PB3，使通道号加 1，控制多路转换开关切换到下一个模拟量。

于是，重复上述 2）～7）项的过程，进行下一个模拟量的 A/D 转换。

8）当本次采样时刻的所有模拟量都已转换结束，则判断存数指针 POINT 是否超出了循环寄存器的末地址。如果存数指针 POINT 大于循环寄存器的末地址时，则应将存数指针 POINT 重新置为首地址，以便保证采样值都能够存放在正确的位置，不致紊乱。这样，相当于把首地址接在末地址后面，如图 1-25 所示的虚线，构成循环存数形式，从而称为循环寄存器。

到此，本次采样的 A/D 转换已经完成。应当注意，存数指针 POINT 指向的是下一个采样值存放的地址单元，所以，最新采样值的地址单元应当是（POINT-1）～（POINT-n）。

9）随后，可以执行中断服务流程中的其他程序。

对于 n 个模拟量，如果工频信号每周期采样 n 点，且希望存放 M 周的数据，那么，在存储器为 16 位时，存放采样值的循环寄存器的总容量为 $n \times N \times M$。

由于大部分微型机都有变址寻址方式，所以图 1-26 是另一种循环寄存器的数据存储格式。此时，存数指针 POINT 总是指向每个采样点存储区的第一个单元，而通道号正好作为数据存储的变址偏移值，即数据存储在（POINT+通道号）所指示的单元中。对于每一个采样时刻的 A/D 数据存放单元，存数指针 POINT 是不变的。对于这种存数方式，数据采集系统控制流程如图 1-27 所示，其工作过程与前面所述 1）～9）项的过程类似。由图

1-24～图 1-27 可以知道，由于数据存储的方式不同，则控制流程也略有不同。

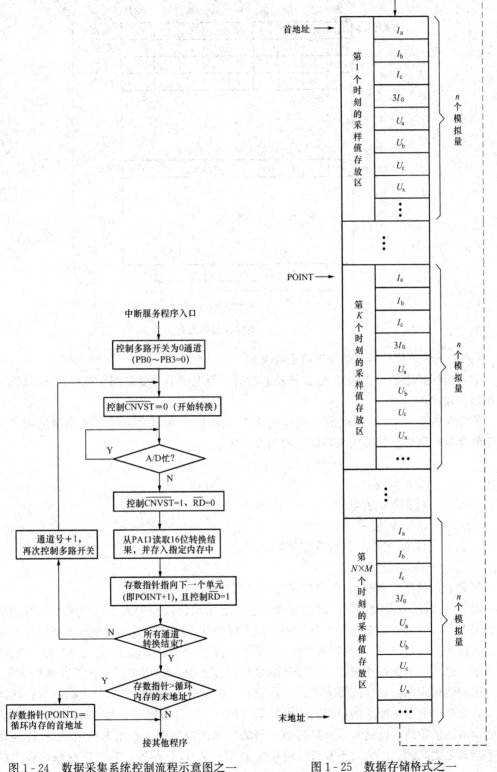

图 1-24　数据采集系统控制流程示意图之一　　　　　图 1-25　数据存储格式之一

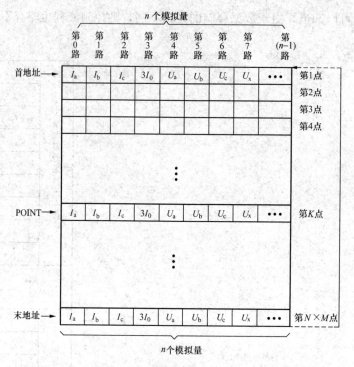

图 1-26　数据存储格式之二

（六）微机保护对模数转换器的主要要求

就微机保护来说，当选择 A/D 转换芯片时，要考虑的主要是两个指标：一是转换时间；二是数字输出的位数。

转换时间影响着 A/D 的最高采样频率。以图 1-1 为例，由于各模拟量通道共用一个 A/D 转换器，所以至少要求采样间隔时间 T_S 为

$$T_S > n(t_{AD} + t_R) + t_Y \qquad (1-7)$$

式中　T_S——采用间隔；

　　　　n——模拟量的路数；

　　　t_{AD}——A/D 转换一路的时间；

　　　　t_R——读取一次 A/D 转换结果的时间；

　　　　t_Y——时间裕度。

实际上，采样间隔时间 T_S 还应考虑中断程序的执行时间。

对于 A/D 转换器的位数，前已提及，它决定了量化误差的大小，反映了转换的精确度和分辨率，这一点对继电保护十分重要。因为保护在工作时，输入电压和电流的动态范围很大，在输入值接近 A/D 转换器量程的上限附近时，1 个 LSB 的最大量化误差是可以忽略的；但当输入电压、电流很小时，1 个 LSB 的量化误差所引入的相对误差就不能忽略了。例如，输电线的微机距离保护，既要求在最大可能的短路电流（如 100A）时，保证 A/D 转换器不溢出，又要求有尽可能小的精确工作电流值（如 0.5A），以保证在最小运行方式下远方短路仍能精确测量距离，这就要求有接近 200 倍的精确工作范围。采用 8 位的 A/D 转换器显然是不能满足要求的。因为对于双极性模拟量的 8 位 A/D 转换器，其二进制数字输出的有效位才有 7 位，因此最大值与 LSB 之比为 $2^7 = 128$。如果输入为 100A 有效值时，要求其峰值

不溢出，则 0.5A 时连峰值也小于 LSB，即输入 0.5A
有效值的正弦量时，A/D 转换器的输出将始终是零。
实际上，对于交变的模拟量输入不论有效值多大，则
在过零附近的采样值总是很小，因而经 A/D 转换后
的相对量化误差可能相当大，这样将产生波形失真，
但只要峰值附近的量化误差可以忽略，这种波形失真
所带来的谐波分量可由第 2 章介绍的数字滤波器来抑
制。分析和实践指出，采用 12 位的 A/D 转换器配合
数字滤波可以做到约 200 倍的精确工作范围。当采用
16 位的 A/D 转换器时，动态范围更容易满足微机保
护的测量要求。应当指出，交流信号的测量精确度还
与交流变换器的动态范围和传变特性有密切的关系。

　　由于 A/D 转换器的位数越多，价格越高，加之微机
保护通常计算的是工频信号或 2 次、3 次谐波分量，对
采样频率的要求不是很高，所以，微机保护较多采用将
所有模拟量通道公用一片或几片 A/D 转换器的方案。

　　除了以上两个指标外，A/D 转换器还有许多其
他指标，如线性度、温度漂移等，而它们的误差和影
响一般都很小，对继电保护来说可以忽略，所以这里
不作具体介绍。

五、VFC 型数据采集系统

　　电压频率转换器 VFC（Voltage Frequency Convert-
er）是另一种实现模数转换功能的器件。按照图 1 - 28 的

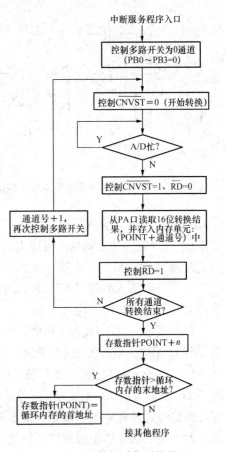

图 1 - 27　数据采集系统控
制流程示意图之二

连接方式，可以将 VFC 器件与其他电路一起构成数据采集系统，从而实现模数转换的功能。图
1 - 28 中，电压、电流信号经电压形成回路后，均变换成与输入信号成比例的电压量，经过 VFC，
将模拟电压量变换为脉冲信号，该脉冲信号的频率与输入电压成正比，经快速光电耦合器隔离
后，由计数器对脉冲进行计数，随后，微型机在采样间隔 T_S 内读取的计数值就与输入模拟量在
T_S 内的积分成正比，达到了将模拟量转换为数字量的目的，实现了数据采集系统的功能。

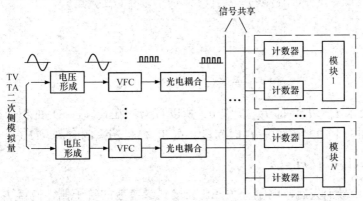

图 1 - 28　VFC 数据采集系统示意图

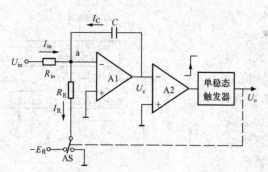

图 1-29　VFC内部电路结构示意图

（一）VFC工作原理

VFC器件的内部电路示意图如图 1-29 所示，A1 为运算放大器，按图示电路接法，其输入端 a 点为"虚地"，A1 还与 R_{in}、C 共同组成一个积分器。A2 为零电压比较器，A2 实际设计为 U_c 稍微偏负一点才检测出来，但为了方便起见，可以将 A2 看作零点指示器。

VFC器件对电路设计提出了一个要求 $I_{srmax} < I_R = \dfrac{E_R}{R_R}$，即 $U_{srmax} < \dfrac{R_{in}}{R_R} E_R$。其中，$U_{srmax}$、$I_{srmax}$ 为允许输入的最大电压、电流值；E_R 为基准电压；R_{in} 为输入电阻，可以根据需要来设计；R_R 为 a 点到基准电压 E_R 之间的电阻，已设计在 VFC 器件内部。

1. 直流输入的工作原理

为了简单明了地理解 VFC 的工作过程，先假设输入电压 U_{in} 为正的直流信号，随后，再推广到一般的交变信号输入。

（1）当输入电压 U_{in} 为 0V 时，电容器 C 的电压 U_c 等于 0V，单稳触发器无任何输出，电子开关 AS 接到参考地的端子侧。

（2）当输入端 U_{in} 刚施加了正的直流信号时，由于电子开关 AS 已处于连接到参考地的端子侧，所以 $I_R = 0$，有 $I_c = I_R - I_{in} = -I_{in}$，于是，造成积分器的输出电压 U_c 有向负方向变化的趋势，该趋势很快被零点指示器检测到，随即，零点指示器的输出发生正跳变，该正跳变脉冲进而触发单稳触发器，使之在 U_o 端产生一个宽度固定为 T_o 的脉冲。T_o 的大小由芯片内部参数确定，早期 VFC 芯片的 T_o 由外接电阻、电容参数确定。

为了方便起见，将"积分器的输出电压 U_c 有向负方向变化的趋势，该趋势很快被零点指示器检测到"这个过程的时间按照零延时来处理。实际的小延时并不影响工作过程的分析和最终的结果，只是推导过程稍微复杂一些。

（3）在 T_o 信号期间，电子开关 AS 切换到负参考电压（$-E_R$）侧，此时，出现了 I_R 电流，使得电流关系发生了变化，即 $I_c = I_R - I_{in}$，因此有

$$U_c(t) = \frac{1}{C} \int_0^t (I_R - I_{in}) \mathrm{d}t + U_c(0^-)$$

$$= \frac{1}{C} (I_R - I_{in}) t + 0$$

$$= \frac{1}{C} (I_R - I_{in}) t \tag{1-8}$$

由于设计要求 $I_{in} < I_R$，即 $I_R - I_{in} > 0$，所以 $U_c(t)$ 在式（1-8）的积分过程中，随时间变化而上升，如图 1-30 中的 $0 \sim t_1$ 时间段。在 T_o 信号消失的时刻，$U_c(t)$ 上升到最大值，其值为 $U_c = \dfrac{1}{C} (I_R - I_{in}) T_o$。

（4）当 T_o 信号消失后，电子开关 AS 又接到参考地的端子侧，使得 I_R 等于 0，因此，$I_c = -I_{in}$，于是，有

$$U_c(t) = \frac{1}{C}\int_{T_o}^{t}(-I_{in})\mathrm{d}t + U(T_o^-)$$

$$= \frac{1}{C}(-I_{in})(t-T_o) + \frac{1}{C}(I_R - I_{in})T_o$$

$$= \frac{1}{C}(I_R T_o - I_{in}t) \tag{1-9}$$

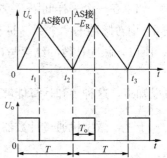

图 1-30　VFC 电路波形图

从式（1-9）可以看出，在此期间 $U_c(t)$ 是随时间变化而下降的，如图 1-30 中的 $t_1 \sim t_2$ 时间段。

当 $U_c(t)$ 下降到 0V 时，再次被零点指示器检测到，于是重复（2）～（4）项阶段的过程，这个重复过程一直持续下去。

由于 $U_c(t)$ 下降到 0V 时，立即被零点指示器检测出来，促使 $U_c(t)$ 再次由 0V 开始上升，所以，将 t_2 和 $U_c(t_2)=0$ 代入式（1-9），得到

$$\frac{1}{C}(I_R T_o - I_{in}t_2) = 0 \tag{1-10}$$

综合式（1-8）、式（1-9）可以看出，每个重复过程的上升斜率、上升时间和下降斜率等参数都是一样的，所以 $U_c(t)$ 的波形呈周期性变化，且每个周期的波形都是一样的，如图 1-30 所示。于是，可以将式（1-10）中的 t_2 改写为周期符号 T，这样有 $I_R T_o - I_{in}T = 0$，即

$$T = \frac{I_R T_o}{I_{in}} \tag{1-11}$$

因此

$$f = \frac{1}{T} = \frac{I_{in}}{I_R T_o}$$

$$= \frac{1}{I_R T_o R_{in}}U_{in}$$

$$= \frac{R_R}{E_R T_o R_{in}}U_{in}$$

$$= K_V U_{in} \tag{1-12}$$

式中　E_R——基准电压；

R_R——A1 负端到 E_R 端之间的电阻；

R_{in}——输入电阻；

T_o——VFC 芯片固定的时间常数；

K_V——VFC 的转换系数，$K_V = \dfrac{R_R}{E_R T_o R_{in}}$。

由于 $U_c(t)$ 的变化周期与 VFC 输出端 U_o 的周期是一致的，且式（1-12）中，R_R、E_R、T_o 和 R_{in} 均为固定的常数，即转换系数 K_V 为常数，因此，可以知道，VFC 输出信号 U_o 的频率 f 与输入电压 U_{in} 成正比。

这样，只要测量到 VFC 输出端的方波脉冲频率，就可以反映出输入电压的大小，图 1-28 中的计数器就是测量方波频率的有效方法。计数器实际上是在统计脉冲的"个数"，最后计数器输出的是数字量，便于计算机读取，从而实现了模拟量到数字量的变换，达到了模数转换的目的。

如果在一个采样间隔 T_S 内对计数器的计数结果进行读数的话，那么，相当于在这个间隔 T_S 内对脉冲的"个数"进行求和计算。由于输入直流电压时，VFC 的输出为固定频率 f，所以，脉冲计数的结果与计数的时间 T_S 有关，计数值为 $D=fT_S$。由数学的定积分定义可以知道，这种求和计算能够等效为积分 $D=\int_0^{T_S}f\mathrm{d}t$。

于是，微型机通过计数器读到的数值相当于

$$D=\int_0^{T_S}f\mathrm{d}t=K_\mathrm{V}\int_0^{T_S}U_\mathrm{in}\mathrm{d}t \tag{1-13}$$

更一般的有

$$D=\int_t^{t+T_S}f\mathrm{d}t=K_\mathrm{V}\int_t^{t+T_S}U_\mathrm{in}\mathrm{d}t \tag{1-14}$$

这说明，VFC 模数转换的输出值与输入电压信号的积分成正比。

2. 交流输入的工作原理

与图 1-16 类似，只要在图 1-29 的 A1 运算放大器输入端引入一个正偏置电流，即可允许输入信号为正负交变的交流量。通常取正偏置电流为 $I_\mathrm{pz}=\dfrac{I_\mathrm{R}}{2}=\dfrac{E_\mathrm{R}}{2R_\mathrm{R}}$，对应到输入端的偏置电压为 $U_\mathrm{pz}=R_\mathrm{in}I_\mathrm{pz}=\dfrac{R_\mathrm{in}}{2R_\mathrm{R}}E_\mathrm{R}$。当然，引入偏置后，一般应在微型机读取的模数转换数值中减去偏置的影响，以便还原为与交变信号的大小、符号相对应的采样值。

如前所述，单极性输入时，VFC 器件的设计要求为 $U_\mathrm{srmax}<\dfrac{R_\mathrm{in}}{R_\mathrm{R}}E_\mathrm{R}$，所以在交流信号输入与偏置量合成作用的情况下，交流信号的最大值要求满足

$$u_\mathrm{srmax}<U_\mathrm{pz}=\frac{R_\mathrm{in}}{2R_\mathrm{R}}E_\mathrm{R} \tag{1-15}$$

于是，合成后的综合输入信号可以表示为

$$u'_\mathrm{in}(t)=U_\mathrm{pz}+u_\mathrm{in}(t) \tag{1-16}$$

在满足 VFC 器件设计要求的情况下，该综合信号始终有 $0\leqslant u'_\mathrm{in}(t)<2U_\mathrm{pz}$，即

$$u'_\mathrm{in}(t)<2U_\mathrm{pz}=\frac{R_\mathrm{in}}{R_\mathrm{R}}E_\mathrm{R}=R_\mathrm{in}I_\mathrm{R} \tag{1-17}$$

下面先考虑输入电压为单一的正弦信号 $U_\mathrm{srmax}\sin(\omega t+\alpha)$，这样综合输入信号为

$$u'_\mathrm{in}(t)=U_\mathrm{pz}+U_\mathrm{srmax}\sin(\omega t+\alpha) \tag{1-18}$$

在这个信号输入情况下，VFC 的工作过程如下。

(1) 在 $0\sim T_\circ$ 信号期间，电子开关 AS 切换到负参考电压（$-E_\mathrm{R}$）侧，此时有

$$u_\mathrm{c}(t)=\frac{1}{C}\int_0^t\left[I_\mathrm{R}-\frac{1}{R_\mathrm{in}}u'_\mathrm{in}(t)\right]\mathrm{d}t+u_\mathrm{c}(0^-)$$

$$=\frac{1}{C}\int_0^t\left[\frac{E_\mathrm{R}}{R_\mathrm{R}}-\frac{1}{R_\mathrm{in}}u'_\mathrm{in}(t)\right]\mathrm{d}t+0$$

$$= \frac{E_{\mathrm{R}}}{R_{\mathrm{R}}C}t - \frac{1}{R_{\mathrm{in}}C}\int_0^t u'_{\mathrm{in}}(t)\mathrm{d}t \tag{1-19}$$

由式（1-18）可知 $\dfrac{u'_{\mathrm{in}}(t)}{R_{\mathrm{in}}} < \dfrac{E_{\mathrm{R}}}{R_{\mathrm{R}}}$，因此式（1-19）的积分大于 0，$u_{\mathrm{c}}(t)$ 随时间变化而上升，波形类似于图 1-30 中的 $0 \sim t_1$ 时间段，但并不是直线上升。在 T_{o} 信号消失的时刻，$u_{\mathrm{c}}(t)$ 上升到最大值，其值为：

$$u_{\mathrm{c}}(T_{\mathrm{o}}) = \frac{E_{\mathrm{R}}}{R_{\mathrm{R}}C}T_{\mathrm{o}} - \frac{1}{R_{\mathrm{in}}C}\int_0^{T_{\mathrm{o}}} u'_{\mathrm{in}}(t)\mathrm{d}t \tag{1-20}$$

（2）当 T_{o} 信号消失后，电子开关 AS 接到参考地的端子侧，于是有

$$\begin{aligned}
u_{\mathrm{c}}(t) &= \frac{1}{C}\int_{T_{\mathrm{o}}}^t \left[-\frac{1}{R_{\mathrm{in}}}u'_{\mathrm{in}}(t)\right]\mathrm{d}t + U_{\mathrm{c}}(T_{\mathrm{o}}^-) \\
&= -\frac{1}{R_{\mathrm{in}}C}\int_{T_{\mathrm{o}}}^t u'_{\mathrm{in}}(t)\mathrm{d}t + \left[\frac{E_{\mathrm{R}}}{R_{\mathrm{R}}C}T_{\mathrm{o}} - \frac{1}{R_{\mathrm{in}}C}\int_0^{T_{\mathrm{o}}} u'_{\mathrm{in}}(t)\mathrm{d}t\right] \\
&= \frac{E_{\mathrm{R}}}{R_{\mathrm{R}}C}T_{\mathrm{o}} - \frac{1}{R_{\mathrm{in}}C}\int_0^t u'_{\mathrm{in}}(t)\mathrm{d}t \\
&= \frac{E_{\mathrm{R}}}{R_{\mathrm{R}}C}T_{\mathrm{o}} - \frac{1}{R_{\mathrm{in}}C}\int_0^t [U_{\mathrm{pz}} + U_{\mathrm{srmax}}\sin(\omega t + \alpha)]\mathrm{d}t \\
&= \frac{E_{\mathrm{R}}}{R_{\mathrm{R}}C}T_{\mathrm{o}} - \frac{U_{\mathrm{pz}}}{R_{\mathrm{in}}C}t + \frac{U_{\mathrm{srmax}}}{\omega R_{\mathrm{in}}C}[\cos(\omega t + \alpha) - \cos(\alpha)]
\end{aligned} \tag{1-21}$$

因　函数 $f(x)$ 在 x_0 处展开，有

$$f(x) \approx f(x_0) + f'(x_0)(x - x_0)$$

故　将函数 $\cos(\omega t + \alpha)$ 在 $t = 0$ 处展开，得

$$\cos(\omega t + \alpha) \approx \cos(\alpha) - \omega\sin(\alpha) \times t$$

即

$$\frac{1}{\omega}[\cos(\omega t + \alpha) - \cos(\alpha)] \approx -\sin(\alpha) \times t \tag{1-22}$$

在 $\cos(\omega t + \alpha)$ 变化不是很快时，这种近似所带来的误差是很小的。将式（1-22）代入式（1-21）得

$$u_{\mathrm{c}}(t) = \frac{U_{\mathrm{R}}}{R_{\mathrm{R}}C}T_{\mathrm{o}} - \frac{U_{\mathrm{pz}}}{R_{\mathrm{in}}C}t - \frac{U_{\mathrm{in}}}{R_{\mathrm{in}}C}\sin(\alpha) \times t \tag{1-23}$$

由式（1-23）可以知道，随时间变化 $u_{\mathrm{c}}(t)$ 逐渐降低。当 $u_{\mathrm{c}}(t) = 0$ 时，对应的时刻仍设为 T，那么，将 $u_{\mathrm{c}}(T) = 0$ 代入式（1-23），并整理得

$$\begin{aligned}
T &= \frac{R_{\mathrm{in}}E_{\mathrm{R}}T_{\mathrm{o}}}{R_{\mathrm{R}}} \times \frac{1}{U_{\mathrm{pz}} + U_{\mathrm{srmax}}\sin(\alpha)} \\
&= \frac{1}{K_{\mathrm{V}}} \times \frac{1}{U_{\mathrm{pz}} + U_{\mathrm{srmax}}\sin(\alpha)}
\end{aligned} \tag{1-24}$$

式中，转换系数 $K_{\mathrm{V}} = \dfrac{R_{\mathrm{R}}}{E_{\mathrm{R}}T_{\mathrm{o}}R_{\mathrm{in}}}$ 与输入为直流时的表达式完全一样，为同一个常数。于是，

单稳态触发器输出电压 U。的频率为

$$f = \frac{1}{T} = K_{\mathrm{V}}[U_{\mathrm{pz}} + U_{\mathrm{srmax}}\sin(\alpha)] \tag{1-25}$$

将函数 $\cos(\omega t + \alpha)$ 在任意 t 时刻处展开，就可以得到 VFC 输出频率的一般表达式

$$f(t) = K_{\mathrm{V}}[U_{\mathrm{pz}} + U_{\mathrm{srmax}}\sin(\omega t + \alpha)] = K_{\mathrm{V}}u'_{\mathrm{in}}(t) \tag{1-26}$$

这里，$f(t)$ 是指 VFC 的输出频率随时间变化的函数。如果软件中将偏置的影响去掉，即在计数器的读数结果中减去偏置量 U_{pz} 对应的脉冲个数，那么有

$$f(t) = K_{\mathrm{V}}U_{\mathrm{srmax}}\sin(\omega t + \alpha) = K_{\mathrm{V}}u_{\mathrm{in}}(t) \tag{1-27}$$

由此可以得出，VFC 在任意 t 时刻的输出频率 f 与该时刻模拟量输入电压的瞬时值成正比，比例关系仍然为 K_{V}（K_{V}＝常数）。另外，式（1-27）中并没有规定 ω 的大小，所以当输入信号中含有非周期分量和各次谐波时，利用叠加原理的方法可以证明式（1-27）的关系仍然是正确的。唯一造成式（1-27）不成立的误差来源于式（1-22）的近似，由于 $\cos(\omega t + \alpha)$ 变化很快时才会出现一定的误差，显然这种情况只有在高频信号时才有可能出现，因此可以采用低通模拟滤波器的办法，将高频信号滤除掉，保证式（1-22）的误差很小，从而保证式（1-27）是成立的。在下面得出的积分关系中，还可以看到低通模拟滤波器并不是绝对需要。

交流信号输入时，虽然 $f(t)$ 是变化的，但在极小的 Δt 时间内，$f(t)$ 近似于不变，于是 Δt 内的计数值为

$$D_{\mathrm{i}}(\Delta t) = f(\xi_{\mathrm{i}})\Delta t \qquad (t \leqslant \xi_{\mathrm{i}} \leqslant t + \Delta t)$$

如果将采样间隔 T_{S} 分成 n 个极小的 Δt（数学中，可以不要求每个 Δt 都相等），那么 T_{S} 内的计数值应当是

$$D = \sum_{i=1}^{n} D_{\mathrm{i}}(\Delta t) = \sum_{i=1}^{n} f(\xi_{\mathrm{i}})\Delta t \quad \{t + (i-1)\Delta t \leqslant \xi_{\mathrm{i}} \leqslant t + i\Delta t\} \tag{1-28}$$

当 $n \to \infty$（$\Delta t \to 0$）时，由式（1-28）得到

$$D = \lim_{\substack{\Delta t \to 0 \\ (n \to \infty)}} \sum_{i=1}^{n} D_{\mathrm{i}}(\Delta t) = \lim_{\substack{\Delta t \to 0 \\ (n \to \infty)}} \sum_{i=1}^{n} f(\xi_{\mathrm{i}})\Delta t \tag{1-29}$$

事实上，根据数学中的定积分定义，式（1-29）即为

$$D = \int_{0}^{T_{\mathrm{S}}} f(t)\,\mathrm{d}t \tag{1-30}$$

将 $f(t) = K_{\mathrm{V}}u_{\mathrm{in}}(t)$ 代入得

$$D = K_{\mathrm{V}} \int_{0}^{T_{\mathrm{S}}} u_{\mathrm{in}}(t)\,\mathrm{d}t \tag{1-31}$$

更一般的有

$$D = K_{\mathrm{V}} \int_{t}^{t+T_{\mathrm{S}}} u_{\mathrm{in}}(t)\,\mathrm{d}t \tag{1-32}$$

因此，可以得出关于 VFC 的重要结论：VFC 数据采集系统的输出值与输入电压 $u_{\mathrm{in}}(t)$ 的积分成正比，且比例系数为常数。由积分关系可以知道，VFC 器件构成的数据采集系统具有低通滤波的效果，具体的幅频特性如图 1-31 所示，其中 T_{S} 为采样间隔，N 为积分的

间隔数。

上述分析是基于 VFC 为正极性输入的情况，其分析结果也适用于负极性输入的情况。应当说明，即使出现数学定义的第一类间断点情况，结果仍然是成立的。

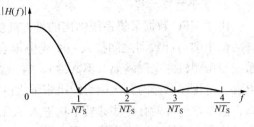

图 1-31 VFC 幅频特性

3. VFC 的分辨率与采样频率的关系

分辨率一般用 A/D 转换器输出的数字量位数来衡量。VFC 等效的位数取决于两个因素：一是 VFC 的最高频率 f_{VFC}；二是采样间隔 T_S 和积分间隔 NT_S 的大小。

VFC 的最大输出数字量 D_{max} 与 VFC 最大频率 f_{VFC} 之间的关系如下

$$D_{max} = f_{VFC} NT_S = N \frac{f_{VFC}}{f_S} \tag{1-33}$$

式中　D_{max}——最大输出数字量；

　　　f_{VFC}——VFC 的最高频率；

　　　T_S——采样间隔；

　　　N——积分间隔数。

由式（1-33）可以知道，VFC 的最大输出数字量 D_{max} 与采样频率 $f_S = \dfrac{1}{T_S}$ 成反比，但同时还可以知道，通过选择适当积分间隔数 N，就可以减小 D_{max} 和 f_S 的矛盾，从而获得较满意的最大输出数字量 D_{max}。仅就积分间隔数 N 而言，N 越大，则最大输出数字量 D_{max} 也越大，幅频特性中的截止频率 $\dfrac{1}{NT_S}$ 越低，但是，会出现降低工频信号增益的情况。当然，在设计 D_{max}、N 和 f_S 时，应综合考虑多种因素，如采样定理、保护的动作速度、计算误差等。

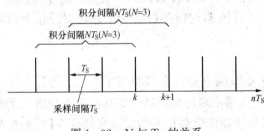

图 1-32　N 与 T_S 的关系

积分间隔数 N 与采样间隔 T_S 之间的关系，如图 1-32 所示。

例如，以 VFC 最高频率 $f_{VFC} = 4\text{MHz}$ 为例，最大的输出数字量为

$$D_{max} = 4 \times 10^6 NT_S$$

取 $T_S = 5/3\text{ms}$（$f_S = 600\text{Hz}$）、$N = 1$ 时，最大的输出数字量为

$$D_{max} = (4 \times 10^6) \times (5/3 \times 10^{-3}) = 6667$$

这个数字量相当于 12.7 位的 A/D 转换器输出。如果取 $N = 2$，则 $D_{max} = 13333$，相当于 13.7 位的 A/D 转换器输出。

（二）VFC 型数据采集系统的特点

综合上述分析，可以得出 VFC 构成的数据采集系统主要有以下特点。

1. 低通滤波

普通的 A/D 转换器是对瞬时值进行转换，而 VFC 型数据采集系统是对输入信号的连续积分，因此具有低通滤波的效果，同时可以大大抑制噪声。

2. 抗干扰能力强

由于 VFC 数据采集系统输出的是方波脉冲，所以，可以方便地在每个 VFC 数据采集系统的输出端与计数器之间接入一个光电耦合器，如图 1-28 所示，从而实现 VFC 数据采集系统与微型机的电气隔离（不共地），这一点对抗干扰极为有利。短路或其他原因可能造成电流、电压互感器的二次侧引线携带强大的共模干扰，这种干扰虽经保护装置内的变换器隔离，但是，仍可能有一些共模干扰进入 A/D 系统。光电耦合器可以有效地阻止共模干扰进入微机弱电系统，进一步提高了模数转换电路的抗干扰能力。另外，VFC 数据采集系统的积分作用也能增强抗干扰能力。

3. 位数可调

在其他因素不变的情况下，只要调整积分间隔 NT_S，就可以实现调整位数的目的。这一点尤其适合于信号频率不太高的场合。

4. 与微型机的接口简单

从图 1-28 可见，VFC 的工作根本不需要微型机控制，微型机只要定时去读取计数器的计数值即可。

5. 实现多微型机共享

图 1-28 就是多微型机平行工作的电路示意图，每个微型机均设置了各自的计数器，可以方便地共用一套 VFC 数据采集系统，且连线简单。同时，由于各微型机独立读数，所以还可以实现各微型机根据需要设置不同的采样间隔。

6. 易于实现同时采样

在没有辅助电路的情况下，微型机只要快速地逐个锁存计数器的计数值，就可以实现几乎同时的采样。不同时的时间差仅为锁存第一个计数器到锁存最后一个计数器的指令时间差，这个时间是很短的。

7. 不适用于高频信号的采集

这是积分方式的必然结果，即 VFC 数据采集系统本身具有抑制高频信号的作用。在低通频带范围内，进行 2 次或 3 次等谐波计算时，应考虑对应幅频特性的增益是不同的。到目前为止，VFC 的最高频率 f_{VFC} 不是太高，还有待于集成电路技术的发展来提高 VFC 的最高频率 f_{VFC}。

顺便指出，国外有些公司还将 VFC 技术应用于电子式互感器中，通过光纤传送与模拟量积分成正比的脉冲信号。

1-3 开关量输入及输出回路

一、光电耦合器

把发光器件和光敏器件按照适当的方式组合，就可以实现以光信号为媒介的电信号变换。采用这种组合方式制成的器件称为光电耦合器。光电耦合器一般制成管式或双列直插式结构，有利于耐压和绝缘。由于发光器件和光敏器件被相互绝缘地分别设置在输入和输出两侧回路，故可以实现两侧电路之间的电气隔离。光电耦合器既可以用来传递模拟信号，也可以作为开关器件使用。在弱电工作的电路中，具备了隔离变压器的信号传递和隔离功能，也具备继电器的控制功能。与隔离变压器相比，光电耦合器的工作频率范围宽、体积小、耦合电容小、输入输出之间的绝缘电阻高，并能实现信号的单方向传递。

光电耦合器大致分为三类：①光隔离器；②光传感器，主要用于测量物体的有无、个数和移动的距离等；③光敏元件集成的功能块，此类器件主要是将光隔离器与逻辑功能组合在一起，如光隔离器与反相器的组合等。

光隔离器将发光器件和光敏器件组成一对耦合器件，设置于同一个芯片内，用以完成电信号的耦合和传递，并达到两侧信号在电气上隔离、绝缘的目的。光隔离器的结构原理如图 1-33 所示，其中左侧为发光二极管侧，右侧为光敏器件侧。

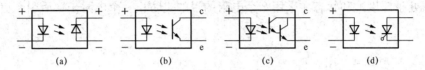

图 1-33　光隔离器的几种类型

(a) 二极管型；(b) 三极管型；(c) 达林顿型；(d) 晶闸管驱动型

光电耦合器的输入特性就是光器件（常用 GaAs 发光二极管）的特性，输出特性取决于输出侧的器件，隔离阻抗不小于 $10^{10}\,\Omega$，输入输出间的耐压不小于 1kV。当输出侧为光敏三极管时，由于它的结电容大，按负载电阻 $1\mathrm{k}\Omega$ 考虑，工作频率应小于 100kHz。当输出侧为达林顿型三极管时，工作频率应小于 1kHz。

光电耦合器两侧的接地和电源可以自由选择，给设计和使用提供了方便，尤其是在设计有多种逻辑电平的复杂系统时，光电耦合器能较好地解决不同逻辑电平之间的信号传递和控制。

在微机保护中，使用较多的是光隔离器，主要利用了开关器件的功能，应用于逻辑电平和信号的控制，实现两侧信号的传递和电气的绝缘。本书中所提到的光电耦合器主要是指光隔离器。

将光电耦合器应用于逻辑电平控制时，主要采用了以下两种工作方式。

1) 当发光二极管侧通过的电流较小时，产生的光电流较小，光敏器件侧处于截止状态。

2) 当发光二极管侧通过的电流较大时，产生的光电流较大，光敏器件侧处于导通状态。

这样，通过控制发光二极管侧的电流，就可以实现控制光敏器件侧的截止或导通。

二、开关量输入回路

开关量输入 DI（Digital Input，简称开入）主要用于识别运行方式、运行条件等，以便控制程序的流程。如重合闸方式、同期方式、收信状态和定值区号等。

对微机保护装置的开关量输入，即触点状态（接通或断开）的输入可以分成以下两大类。

(1) 装在装置面板上的触点。这类触点主要是指用于人机对话的键盘以及部分切换装置工作方式用的转换开关等。

对于装在装置面板上的触点，可直接接至微机的并行接口，如图 1-34 所示。只要在初始化时规定图中可编程并行口的 PA0 为输入方式，则微型机就可以通过软件查询，随时知道图 1-34 中外部触点 K1 的状态。当 K1 闭合时，PA0＝0；K1 断开时，PA0＝1。其中，4.7k 电阻称为上拉电阻，保证 K1 断开时，PA0 被拉到 1 电平状态。

(2) 从装置外部经过端子排引入装置的触点。例如需要由运行人员不打开装置外盖而在运行中切换的各种连接片、转换开关以及其他保护装置和操作继电器的触点等。

对于从装置外部引入的触点，如果也按图 1-34 接线，将给微机引入干扰，故应经光电隔离，如图 1-35 所示。K2 断开时，光敏三极管截止；K2 闭合时，光敏三极管饱和导通。因此，三极管的导通和截止完全反映了外部触点的状态，如同将 K2 接成图 1-34 方式一样。不同点是，图 1-35 中将可能带有电磁干扰的外部接线回路限制在微机电路以外。利用光电耦合器的性能与特点，既传递开关 K2 的状态信息，又实现了两侧电气的隔离，大大削弱了干扰的影响，保证微机电路的安全工作。图 1-35 中，电阻 R 的取值主要考虑 K2 闭合时，光电耦合器处于深度饱和状态。采用 2 个电阻的目的是防止一个电阻击穿后引起更多器件的损坏。

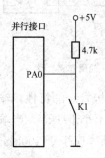 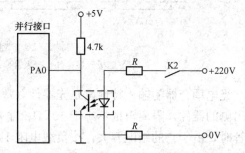

图 1-34　装置面板上的触点与微机接口连接图　　　图 1-35　装置外部触点与微机接口连接图

对于某些必须立即得到处理的外部触点的动作，如果用软件查询方式会带来延时，那么，也可以将光敏三极管的集电极直接接到微型机的中断请求端子。

三、开关量输出回路

开关量输出 DO（Digital Output，简称开出）主要包括保护的跳闸出口、本地和中央信号以及通信接口、打印机接口等。

（一）保护的跳闸出口，本地和中央信号

对于保护的跳闸出口、本地和中央信号等，一般都采用并行接口的输出口来控制有触点继电器（干簧或密封小中间继电器）的方法。为了进一步提高抗干扰能力，最好也经过一级光电隔离，如图 1-36 所示。

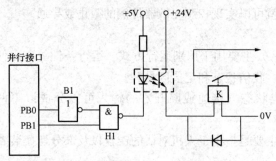

图 1-36　装置开关输出回路接线图

只要由软件使并行口的 PB0 输出"0"、PB1 输出"1"，便可使与非门 H1 输出低电平，光敏三极管导通，继电器 K 被吸合。

在初始化和需要继电器 K 返回时，应使 PB0 输出"1"、PB1 输出"0"。

设置反相器 B1 及与非门 H1 而不是将发光二极管直接同并行口相连，一方面是因为并行口带负荷能力有限，不足以使光电耦合器处于深度饱和状态；另一方面因为采用与非门后要满足两个条件才能使 K 动作，增加了抗干扰能力，也增加了芯片损坏情况下的防误动能力。

应当注意，图 1-36 中的 PB0 经一反相器，而 PB1 却不经反相器，这样接线可防止拉

合直流电源的过程中继电器 K 的短时误动。因为在拉合直流电源过程中，当 5V 电源处在中间某一临界电压值时，可能由于逻辑电路的工作紊乱而造成保护误动作，特别是保护装置的电源往往接有大容量的电容器，所以拉合直流电源时，无论是 5V 电源还是驱动继电器 K 用的电源，都可能相当缓慢的上升或下降，从而完全来得及使继电器 K 的触点短时闭合。采用图 1 - 36 的接法后，由于两个相反条件的互相制约，可以可靠地防止误动作。

图 1 - 37 （a）为典型的微机保护出口控制回路电路图，图 1 - 37 （b）为触点逻辑示意图，图中 K1 为告警继电器，K2 为启动继电器，K3～KN 为出口继电器；K1 为动断触点，K2…KN 为动合触点。

为了实现与电路图一致的输出、输入控制功能，微型机应将并行接口 PA0～PA7 设置为输出方式，将 PB0 设置为输入方式。图 1 - 37 （a）中，用于跳闸出口或信号继电器只画出了 K3 和 K4，其余回路与此相似，虚框部分为自动检测的反馈回路。由图可以知道，除了 24V 工作电源以外，出口继电器要满足以下四个条件，出口触点才动作。

1）告警继电器 K1 不动；

2）启动继电器 K2 动作；

3）出口继电器线圈所在回路的光电耦合器导通；

4）在出口继电器线圈上施加动作值以上的工作电压，且持续到继电器触点闭合（快速继电器的动作时间一般为 2～3ms）。

上述四个条件中，任意破坏其中一个，则继电器就不会动作。

下面介绍几种出口回路的典型工作情况。

1. 装置正常、系统无短路

装置正常工作、电力系统没有发生任何短路或异常时，微型机通过控制 PA0＝PA2＝PA4＝PA6＝1、PA1＝PA3＝PA5＝PA7＝0，保证图 1 - 37 （a）所示的告警继电器 K1、启动继电器 K2 和出口继电器 K3、K4 均不动，反馈回路的 V5、R6、R7 支路上没有电流流过，V5 的光敏三极管侧处于截止状态，微型机读到反馈输入端 PB0 为高电平"1"。

2. 设备异常

在系统没有短路时，由微型机通过各种自动检测手段，对保护的软件、功能、定值和硬件等进行实时诊断（常用的检测方法可以参阅第 4 章的有关部分）。如果在检测过程中，发现有可能导致保护误动的任何异常情况，则微型机通过控制 PA0＝0、PA1＝1，使告警继电器 K1 动作，进而由告警继电器 K1 的动断触点切断出口继电器的电源，保证出口继电器不会误动作，提高保护系统的可靠性和安全性。如果自检过程没有发现任何异常，则告警继电器不动作，开放出口继电器的正电源端。

3. 系统发生短路

当系统发生短路时，微机保护装置先感受到有短路情况发生，启动元件动作，通过控制 PA2＝0、PA3＝1，驱动启动继电器 K2 动作，开放出口继电器的负电源端。随后，由测量和选相等元件判别是否跳闸、跳几相，如果是内部短路，则微型机再控制相应的出口继电器，使其动作，从而切除故障。例如，保护装置经判断后，需要让 K3 动作的话，只要控制 PA4＝0、PA5＝1 即可。

另外，如果出口继电器能够正常动作，则启动继电器 K2 的触点就将反馈回路的 V5 和

R6、R7 支路短接，微型机的反馈端 PB0 应该为高电平 "1"；如果在发出出口继电器动作的命令后，反馈端测到的仍然为低电平 "0"，则说明很有可能是启动继电器回路或反馈回路有问题。

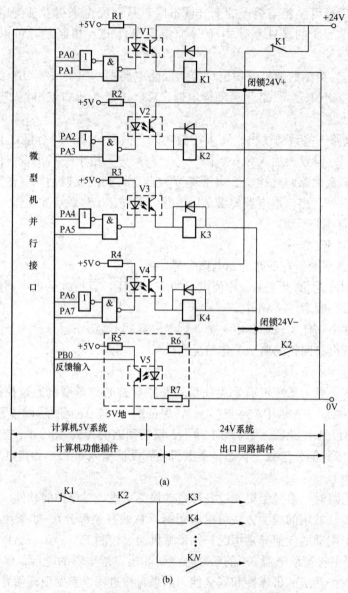

图 1-37　微机保护出口回路典型电路图

(a) 出口回路典型电路图；(b) 出口回路触点逻辑图

4. 出口回路自检

在没有对图 1-37（a）所示的任何继电器进行控制操作时，如果微型机从反馈输入端 PB0 读到低电平 "0" 信号，则说明出口回路出现了异常的情况，可能是某个元件或某一部分电路出现了击穿或短路。此时，微型机应控制告警继电器动作，一方面发出告警信号，另一方面切断出口继电器的电源。为了实现出口回路和继电器线圈的自动检测，并保证安全性，应该采取以下三种安全措施。

1）确认系统无短路，且启动继电器 K2 的动合触点处于"打开"的位置；

2）自动测试的脉冲时间要远小于继电器的动作时间；

3）在继电器线圈和 V5、R6、R7 支路构成的回路中，通过设计合适的 R6 和 R7 阻值，保证在施加测试电压时，继电器线圈两端的压降较小，即远小于继电器的动作电压。

以测试出口继电器 K3 的回路和线圈为例，具体的自动检测方法为：确认系统无短路，且启动继电器 K2 的动合触点处于"打开"的位置，随后，微型机短时控制 PA4＝0、PA5＝1，使 V3 饱和导通一段短时间，于是，由 K1 动断触点、V3、K3 线圈、R6、V5 和 R7 构成带电通路，反馈输入端 PB0 很快就能反映出回路是否正常。

出口回路和线圈都正常时，在发出"短时自动测试脉冲"期间，光电耦合器 V5 的发光二极管侧流过电流，进而给 V5 的光敏三极管提供基极电流，于是，微型机应该在反馈输入端 PB0 检测到"0"电平；在测试脉冲消失后，微型机应该在反馈输入端 PB0 检测到"1"电平。与上述的反馈信号不一致时，判断为出现了异常，应发出告警信号或采取其他措施。当然，电力系统出现短路时，应立即停止测试。

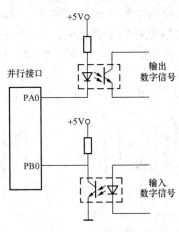

（二）通信接口、打印机接口

对于通信接口、打印机接口等数字信号，可以采取图 1-38 的连接方法。由于不是直接控制跳、合闸，实时性和重要性的要求并不是很高，所以可用一个输出逻辑信号控

图 1-38 数字信号接口

制输出数字信号。这里光电耦合器的作用是既实现两侧电气的隔离，提高抗干扰能力，又可以实现不同逻辑电平的转换。按图 1-38 所示，应将 PA0 设置为输出方式，PB0 设置为输入方式。

1—4 DSP 技术的应用[35]

数字信号处理器 DSP（Digital Signal Processor）是进行数字信号处理的专用芯片，它伴随着微电子学、数字信号处理技术、计算技术等学科的发展而产生，是体现这三个学科综合科研成果的新器件。由于它特殊的设计，可以把数字信号处理中的一些理论和算法予以实时实现，并逐步进入控制器领域，因而在计算机应用领域中得到广泛的使用。可以说，信息化的基础是数字化，数字化的核心技术之一就是数字信号处理，而 DSP 技术在数字信号处理中起着重要的作用。

DSP 主要对输入的一系列信号进行过滤或操作，如建立一支待过滤的信号值队列或者对输入值进行一些变换。DSP 通常将常数和值进行加法或乘法运算后，先形成一系列串行条目，再逐条地予以累加，担当了一个快速倍增器/累加器（MAC）的作用，并且常常在一个周期中执行多次 MAC 指令。为了减少在建立串行队列时的额外消耗，DSP 有专门的硬件支持，实现零开销循环，并安排地址提取操作数和建立适当的条件，用以判别是继续计算队列里的元素，还是已经完成了计算。

　　大多数的 DSP 采用了哈佛结构，将存储器空间划分成两个，分别存储程序和数据。它们有两组总线连接到处理器核，允许同时对它们进行访问。这种安排将处理器和存储器的带宽加倍，更重要的是同时为处理器核提供数据与指令。在这种布局下，DSP 得以实现单周期的 MAC 指令。DSP 速度的最佳化是通过硬件功能予以实现的，每秒能够执行 10M 条以上的指令；同时，采用循环寻址方式，实现了零开销的循环，大大增进了如卷积、相关、矩阵运算、FIR 等算法的实现速度。另外，DSP 指令集能够使处理器在每个指令周期内完成多个操作，从而提高每个指令周期的计算效率。

　　由于 DSP 技术有着强大、快速的数据处理能力和定点、浮点的运算功能，因此将 DSP 技术融合到微机保护的硬件设计中，必将极大地提高微机保护对原始采样数据的预处理和计算的能力，提高运算速度，更容易做到实时测量和计算。例如，在保护中可以由 DSP 在每个采样间隔内完成全部的相间和接地阻抗计算，完成电压、电流测量值的计算，并进行相应的滤波处理。应用 DSP 技术后，保护模块的简要构成示意图如图 1-39 所示。

　　DSP 的主要特点概括如下。

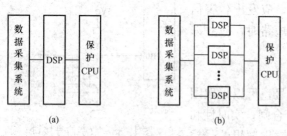

图 1-39　DSP 与 CPU 结合的简要构成示意图
(a) 单 DSP 应用；(b) 多 DSP 应用

　　1）哈佛结构（Harvard）。在这种结构中，程序与数据存储空间相互分开，各自占有独立的空间，具有独立的地址总线和数据总线，取指令和读数可以同时进行，直接在程序和数据空间之间进行信息的传递，减少访问冲突，从而获得高速运算能力。目前的水平已达到浮点运算 90 亿次/s。

　　2）用管道式设计加快执行速度。所谓管道式设计，就是采用流水线技术，保证取指令和执行指令操作可以重叠进行。

　　3）同时执行多个操作。DSP 在每一个时钟周期内，每一条指令都自动安排空间、编址和取数；支持硬件乘法器，使得乘法能用单周期指令来完成，这也有利于提高执行速度。通常 DSP 的指令周期为纳秒级。

　　4）支持复杂的编址。一些 DSP 有专用的硬件，支持模数和位翻转编址，以及其他的运算编址模式。

　　5）独立的硬件乘法器。乘法指令在单周期内完成优化卷积、数字滤波、FFT、相关矩阵运算等算法中的大量重复乘法。

　　6）特殊的 DSP 指令。如循环寻址（Circular addressing）、位倒序（Bit-reversed）等特殊指令，实现零开销的循环，使 FFT、卷积等运算中的寻址、排序及计算速度大大提高。1024 点 FFT 的时间已小于 $1\mu s$。

　　7）多处理器接口。使多个处理器可以很方便地实现并行或串行工作，以提高处理速度。

　　另外，DSP 还具有面向寄存器和累加器、支持前后台处理、拥有简便的单片机内存和内存接口等特点。DSP 在部分领域的典型应用，见表 1-4。

　　下面，以常用的 TMS320C25 为例，简要说明 DSP 内部的结构和主要部件的功能。图 1-40 为 TMS320C25 的内部结构简化框图。

1. 片内数据存储器 RAM

表 1 - 4 　　　　　　　　　　　　　DSP 在部分领域的典型应用

领　域	典　型　应　用					
数字信号处理	数字滤波	卷积	相关	快速傅里叶变换	自适应滤波	加窗	波形发生
通信	数据加密	通道多路复用	扩频通信	调制/解调	数字语言内插	报文分组交换	自适应均衡器
自动化	引擎控制	振动分析	驾驶控制	导航	数字雷达	声控	全定位
图形/图像	机器人视觉	模式识别	图像增强	三维旋转	图像传递/压缩	同态处理	动画
仪器仪表	频谱分析	函数发生	模式匹配	瞬态分析	锁相环	地震处理	
工业	机器人	数码控制	保密存取	电力线监控器			
控制	机器人	马达控制	引擎控制	伺服机构	磁盘控制	激光打印	

占有两个空间的片内数据存储器 RAM，总容量为 544 字节，每个字节 16 位。其中之一既可以设置为程序存储器，也可以设置为数据存储器，从而增加了系统设计的灵活性。片外可直接寻址 64K 数据存储器的地址空间，便于实现 DSP 的更多算法。

2. 片内程序存储器 ROM

片内程序存储器为 4K 字的大块掩膜 ROM，通过这种设计，可以在降低系统成本的前提下，提供一个实际的单片 DSP；其余更多的程序可以放置在片外的存储空间，也可以将程序从慢速的外部存储器装入到片内 RAM 中，实现全速运行。

3. 算术逻辑单元和累加器 ALU/ACC

32 位的算术逻辑单元和累加器均以 2 的补码方式参加运算。算术逻辑单元是一个通用目的算术单元，它所使用的运算数据取自数据 RAM 或来自立即指令的 16 位字，也可以是乘积寄存器中的 32 位乘积结果。除通

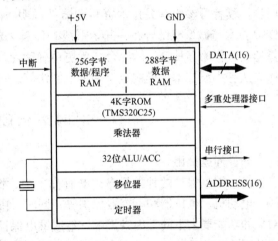

图 1 - 40　TMS320C25 的内部结构简化框图

常的算术指令外，算术逻辑单元还可以执行布尔运算，提供高速控制器需要的位操作能力。

4. 乘法器

以单指令周期完成 16×16 位 2 的补码数相乘，结果为 32 位。乘法器由 T 寄存器、P 寄存器和乘法器阵列三部分组成。16 位的 T 寄存器用来临时存放乘数，P 寄存器存储 32 位乘积。快速的片内乘法器对执行卷积、相关和滤波等基本算法非常有效。

5. 定标移位器

定标移位器有一个 16 位的输入连接到数据总线，另有一个 32 位的输出连接到累加器。定标移位器依照指令的编程，使输入数据产生左移，输出的最低有效位（LSB）填补 0，而

最高有效位（MSB）或者填补 0 或者实现符号扩展，这取决于状态寄存器中符号扩展方式位的状态。所附加的移位能力使得处理器能扫描数值定标、二进制位提取、扩展运算和防止溢出。

6. 局部存储器接口

接口包括一个 16 位的并行数据总线（D15～D0），一个 16 位的地址总线（A15～A0），三个用于数据/程序存储器或 I/O 空间选择（$\overline{DS}$，$\overline{PS}$ 和 $\overline{IS}$）的引脚，以及各种系统的控制信号。R/$\overline{W}$ 信号控制着数据的传输方向，而 STRB 为控制这个传输提供了定时信号。当使用片内 RAM、ROM 或高速外部程序存储器时，TMS320C25 就以全速运行，无等待状态。还可以利用 READY 信号，产生允许等待状态，用于与低速的片外存储器进行通信。

7. 堆栈

多至 8 级的硬件堆栈，用于在中断和子程序调用期间保护程序计数器的内容。PUSH 和 POP 指令允许的嵌套级仅受 RAM 容量的限制。

8. 串行口

DSP 的片内全双工串行口提供与译码器、串行 A/D 转换器以及其他串行设备的直接接口。两个串行口存储器映像寄存器（数据发送/接收寄存器）能够以 8 位字节方式工作，也能以 16 位字方式工作。每一个寄存器都有一个外部时钟输入信号、一个帧同步输入信号和一个相应的移位寄存器，串行通信可应用于多重处理器之间。

DSP 内部结构经过不断改进，其功能也在逐步地加强。关于 DSP 器件的更新和更详细内容，读者可参考有关技术资料和器件说明。随着集成电路技术的不断发展，已经逐渐将 DSP 技术与微型机结合在一起，形成功能越来越强大的微型机器件。DSP 的运算能力、运算速度还将为多种算法的综合、为更精确和计算量更大的计算方法提供有效的实现手段，这些方法有小波技术、模糊数学和神经网络等。

1—5　网络化硬件电路[36～38]

一、问题提出

（1）继电保护的种类很多，既有高、中、低压的线路保护，又有发电机、变压器、母线、电动机、电抗器和电容器保护等；同时，由于受被保护对象的容量、模拟量数量、跳闸对象和功能要求不同等因素影响，造成继电保护的配置多种多样。在这种情况下，虽然可以用不同功能软件装入一个完全通用硬件装置的办法来实现所有保护的功能，也可以采用几种典型硬件装置的方法来解决，但是，这个通用硬件装置势必要按照最大的要求来设计，导致资源浪费、占据更多的空间。因此，人们希望采用模块化的思想，设计出数量较少的几种标准化插件模块，能够根据功能和配置等不同要求，灵活、方便地组合出所需的硬件电路，构成硬件电路的可配置，实现积木式结构，满足千变万化的使用要求。

（2）国内外 20 多年的微机保护研究和运行的过程表明，微机保护的每一次更新换代，基本上都伴随着硬件电路和软件的全部更换，且新保护无法兼容已经投入使用的保护设备，因此，希望微机保护在更新换代后，保护装置对外的连接线基本保持不变。为了做到这一点，必须减少保护 CPU 功能软件与硬件的相关程度，减少保护 CPU 与开入开出插件之间的关联性，实现保护功能软件的升级与开入、开出硬件基本无关，达到保护功能软件与开入、开出"解耦"的目的。

（3）保护功能插件（CPU 插件）与开入、开出之间的连线受 CPU 插件的空间限制，很难做到开入、开出路数的方便扩展，如图 1-37（a）所示，光电耦合器与继电器之间连线的数量就受到插件空间的限制。于是，为了增加开入、开出和模拟量的路数，只好专门设计较大的大插件。

（4）在变压器、发电机保护中，根据不同容量、不同主接线等情况，保护的一个动作逻辑有可能组合成多个出口对象，于是，为了满足这种不同动作逻辑的需要，通常采用单独设计出口逻辑或采用由二极管组成的出口矩阵，如图 1-41 所示。

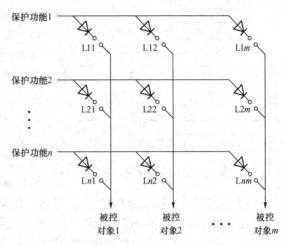

图 1-41　出口逻辑矩阵

其中，若将 L11、L12 连通，则保护功能 1 的动作将使被控对象 1 和 2 动作，其余类似。另外，如果开出（DO）插件也引入 CPU，那么，开出插件就可以构成智能化，有利于提高自检能力；同时，还可以满足出口逻辑的可配置，通过软件方法实现图 1-41 的逻辑。

如果将网络化技术、智能化 I/O 技术引入装置内部硬件电路设计的话，那么，上述的问题都可以得到很好的解决，并得到满意的结果。

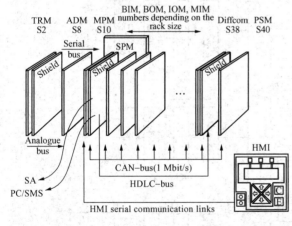

图 1-42　ABB 公司的 REx5xx 系列结构电路示意图

自 20 世纪 90 年代中后期，国外著名继电保护制造商 GE、ABB 公司等已经在保护测控装置的设计中，开始将网络设计思想引入装置内部硬件设计中。ABB 公司早期的数字式保护如发电机保护 REG216，建立了基于通用标准化硬件设计的理念，采用 B448C 总线作为保护内部各模块间互连和数据传送的方式。ABB 公司于 1998 年前后推出的 REx5xx 系列数字式保护装置则是具有代表性的全面实现网络硬件平台设计的新一代保护，将 CAN 网络技术应用于装置内部设计，其电路结构如图 1-42 所示。本书不对图 1-42 进行分析，只作为一种示例。

二、网络化硬件电路

图 1-43 是一种网络化硬件电路的典型结构示意图，与保护功能和逻辑有关的标准模块插件仅有三种，即 CPU 插件、开入（DI）插件和开出（DO）插件。在图 1-43 中，CPU 插件包含了图 1-1 中的微机主系统和大部分的数据采集系统电路；开入（DI）、开出（DO）插件设计了 CPU，使之构成了智能化 I/O 插件；通信网络采用 CAN 总线方式，利用 CAN 总线的可靠性和非破坏性总线仲裁等技术，合理安排传输信号的优先级，完全可以保证硬件电路和跳闸命令、开入信号传输的可靠性、及时性。另外，已有许多廉价 CPU 中都集成了

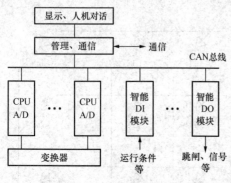

图 1-43 网络化硬件电路的典型结构示意图

CAN 总线的接口电路，使得网络化的成本变低。

由于将网络作为各模块间的连接纽带，所以，每个模块仅相当于网络中的一个节点，不仅可以很方便地实现模块的增加或减少，满足各种各样的功能配置要求，构成积木式结构，而且每个模块可以分别升级。无论模块升级与否，对于网络来说，模块仍然为网络的一个节点，唯一要遵循的是要求采用同一个规约。网络化后，用 CAN 网络代替一对一的物理导线连接，各插件之间的连接只有两条网络导线和相应的电源线，极大地简化了 CPU 与开入、开出之间的连线。当然，如果需要的话，也可以采用双 CAN 网的方式。

在图 1-43 中，电路的总体功能与图 1-1 是一样的，各模块中的功能组成和连接关系，如图 1-44 所示。其中，现场总线接口部分，对于编程来说，操作过程相当于对串行接口的操作，至于传输协议、仲裁、检测、重发等功能和机制均集成在接口电路内。其余的电路构成、工作原理等，都与前几节介绍的内容一致。以图 1-44 中的 DO 模块为例，由 CPU、光电耦合开出、出口继电器三部分组成的电路，工作原理、构成方式均与图 1-37 是一样的。当然，为了提高可靠性，DO 模块中的启动继电器应由保护或启动 CPU 模块来控制（图 1-44 中未画出）。

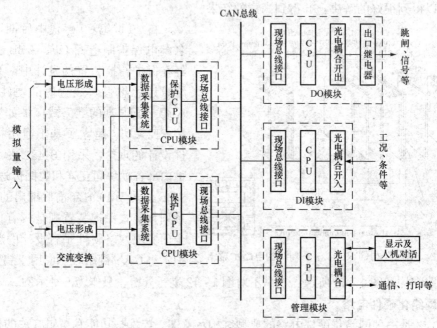

图 1-44 网络化的电路功能模块图

三、CAN 总线特点

CAN 是控制局域网络（Control Area Network）的简称，其总线规范现已被 ISO 国际标准组织制定为国际标准。CAN 属于总线式串行通信网络，它由德国 BOSCH 公司推出，最早用于汽车内部测量与执行部件之间的数据通信。由于采用了许多新技术及独特的设计，与一般的通信总线相比，CAN 总线的数据通信具有突出的可靠性、实时性和灵活性。其特点可概括如下。

（1）采用短帧结构，传输时间短，受干扰概率低，具有极好的检错效果。

（2）采用差分信号的传递方式，有利于提高抗干扰性能。

（3）每帧信息都有 CRC 校验和其他纠错措施，保证了数据出错率极低。

（4）节点在错误严重的情况下，具有自动关闭输出功能，以使总线上其他节点的操作不受影响。

（5）采用非破坏性总线仲裁技术，当多个节点同时向总线发送信息时，优先级较低的节点会主动地退出发送，而最高优先级的节点可不受影响地继续传输数据，从而大大节省了总线冲突仲裁时间，尤其是在网络负载很重的情况下也不会出现网络瘫痪情况。

（6）网络上的节点信息分成不同的优先级，可满足不同的实时要求，高优先级的数据最多可在 $134\mu s$ 内得到传输。

（7）为多主方式工作，网络上任一节点均可在任意时刻主动地向网络上其他节点发送信息，而不分主从，通信方式灵活，且无需站地址等节点信息。利用这一特点可方便地构成多机备份系统。

（8）只需通过报文滤波即可实现点对点、一点对多点及全局广播等几种方式传送接收数据，无需专门的"调度"。

（9）直接通信距离最远可达 10km（速率 5kbps 以下）；通信速率最高可达 1Mbps（此时通信距离最长为 40m）。

（10）CAN 上的节点数主要取决于总线驱动电路，目前可达 110 个；报文标识符可达 2032 种（CAN2.0A），而扩展标准（CAN2.0B）的报文标识符几乎不受限制。

（11）通信介质可为双绞线、同轴电缆或光纤，选择灵活。

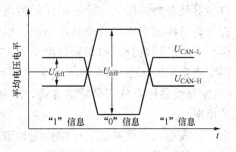

图 1-45　总线位的数值表示

CAN 总线采用差分信号来传送数值信息，差分电压 U_{diff} 较大时表示"0"，差分电压 U_{diff} 较小时表示"1"，如图 1-45 所示。典型的电气连接如图 1-46 所示（其中终端电阻 R_L 用以抑制反射）。将差分信号与电气连接图结合起来后，可以看出，如果多个节点同时向总线发送信息，有的节点发送"0"，有的节点发送"1"，则"0"信息的信号就将 V1、V2 导通（以节点 1 发送 0 为例），最终在总线上仍然呈现为"0"，于是，CAN 总线的仲裁机制充分利用了这个特征。

在传输信息时，CAN 技术规定：先发送仲裁标识符，用以裁决信息的优先级。CAN2.0A 的仲裁标识符为 11 位，而扩展标准（CAN2.0B）的仲裁标识符可达 29 位。较高优先级的标识符用二进制表示时，其数值较低，如果用 2 位仲裁标识符来说明，则有 00 的优先级最高，01 的优先级次之，11 的优先级最低。在发送 11 位仲裁标识符期间，发送器将仲裁标识符送到总线上，随即测试总线的电平，如果自己的仲裁标识符与总线的电平信息一致，则该节点可以无延时地继续发送；如果仲裁标识符的某一位为 1，而总线的电平信息为 0，则表明自己的优先级较低，从而立即停止发送，自动退出发送状态。当仲裁标识符全部发送、比较结束时，自然而然地只保留了优先级最高的信息，实现了非破坏性总线仲裁，做到了优先级较高的信息可以连续、无冲撞地发送，并且只发送一次信息既可，不会出现任何延时，相当于只有优先级较高的一个信息在总线上传输。因此，在微机保护中，利用这种非破坏性仲裁机制，可以将跳闸命令设置为最高优先级，保证在不受任何影响的情况下，能够及时、快速、准确地传输跳闸命令。

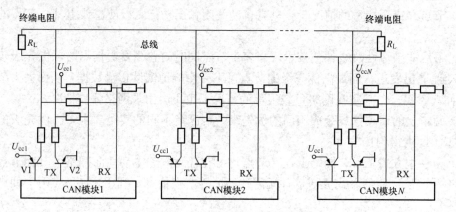

图 1-46　CAN 总线的典型电气连接图

如果发送信息的某一位为 0，而总线的电平信息为 1，则表明出现了发送错误，于是，CAN 控制器自动进行重发。在检测出多次发送错误后，CAN 控制器自动地将节点从总线中脱离，不影响其他节点的操作，然后，可以由程序决定是进行重新初始化，还是发出告警信号。

为了获得尽可能高的数据传输安全性，在每个 CAN 节点中，均设有错误检测、标定和自检等强有力的措施。检测错误的措施包括发送自检、循环冗余校验、位填充和报文格式检查等，可检测出所有的全局性错误、局部性错误和报文中的奇数个错误，并能检测出报文中多至 5 个的随机分布错误和长度小于 15 的突发性错误，保证了未检出的剩余错误概率仅为报文出错率的 4.7×10^{-11}。这个出错率是极低的，达到了可以忽略不计的程度。更何况 CAN 总线采用差分信号传输方式，本身具备了较高的抗干扰能力，已经不易出现报文出错的情况。

应该说，总线仲裁、出错检测和重发等功能，均由控制器自动完成，程序中不必考虑这些复杂的过程。对于微型机来说，CAN 接口的操作与串行接口的操作相似，十分简单。

四、网络化硬件结构的优点

（1）模块之间的连接简单、方便。仅通过一对双绞线，就可完成一条现场总线的连接，既可以传递信息，又可以发送控制命令，还避免了插件端子数量的限制。而对于非网络化硬件结构来说，微型机功能插件与出口回路插件之间的连线至少需要 $N+3$ 条（如图 1-37 所示），N 条连线分别用于控制 N 个继电器，3 条连线用于 24V 的正、负两端和反馈检测的输入端。

（2）可靠性高、抗干扰能力强。CAN 总线特点中的（1）～（5）项，就是提高可靠性和抗干扰能力的措施，同时，CAN 总线设置于装置内部，又极大地减少了受干扰的次数和程度。

（3）扩展性好。由于每个模块接入网络时，仅相当于接入一个节点，所以方便了各种模块的组合，实现积木式的结构，即插即用，满足不同硬件配置的要求。如一个 DO 模块不够用时，可以在不改变装置内部电路和结构的情况下，加入另一个 DO 模块即可。

（4）升级方便。如微型机模块升级，只改变了节点内部的电路和结构，对 CAN 总线而言，升级后的微型机模块仍然是总线上的一个节点，因此，开入、开出模块可以保持不变，保护对外的接口、连接电缆基本不用更改。

（5）便于实现出口逻辑的灵活配置。在变压器、发电机保护中，根据不同容量、不同主接线等情况，保护的一个动作逻辑有可能组合成多个出口对象，因此，出口逻辑的灵活配置完全满足了这种要求。由于每个模块均设置了微型机或微控制器，所以有两种方式可以实现出口逻辑的灵活配置：①在 DO 模块中实现出口逻辑的灵活配置；②在保护微型机模块中实现出口逻辑的灵活配置。从出口功能来看，后一种方式中的 DO 模块仅仅执行命令，更适合于 DO 模块的通用化，适应不同保护的需要。

（6）降低了对微型机或微控制器并行口的数量要求。对于非网络化硬件结构，因为出口继电器由并行口控制，所以不同出口对象的继电器数量完全取决于并行口的数量。

1－6　硬件技术的展望[38]

微机保护经过近 20 年的应用、研究和发展，已经在电力系统中取得了巨大的成功，并积累了丰富的运行经验，产生了显著的经济效益，大大提高了电力系统运行管理水平。近年来，计算机软硬件技术、网络通信技术、自动控制技术及光电子技术日新月异的进步，现代电力系统不断发展的新形势，对微机保护技术提出了许多新的课题及挑战。

在计算机领域，发展速度最快的当属计算机硬件，按照著名的摩尔定律，芯片上的集成度每隔 18～24 个月翻一番。其结果是不仅计算机硬件的性能成倍增加，价格也在迅速降低。微型机硬件的发展体现在片内硬件资源得到很大扩充，运算能力显著提高，嵌入式网络通信芯片的出现及应用等。这些发展使硬件设计更加方便，高性价比使冗余设计成为可能，为实现灵活性、高可靠性和模块化的通用软硬件平台创造了条件。

网络技术特别是现场总线的发展，在实时控制系统领域的成功应用，充分说明网络是模块化分布式系统中相互联系和通信的理想方式；而计算机硬件的不断更新，使微机保护对技术升级的开放性有了迫切要求；微机保护硬件网络化，为继电保护的设计和发展带来了一种全新的理念和创新，大大简化硬件结构及连线，增强硬件的可靠性，使装置硬件具有更大的灵活性和可扩展性，也使装置真正具有局部或整体硬件升级的可能。

微型机是数字式保护的核心。实践已经证明，基于高性能单片机，总线不出芯片的设计思想，是提高装置整体可靠性的有效方法，对微机保护的稳定运行起到了非常重要的作用。微型机发展的重要趋势是单片处理机与 DSP 芯片的进一步融合，单片机除了保持本身适于控制系统要求的特点外，在计算能力和运算速度方面不断融入 DSP 技术和功能，如具有 DSP 运算指令、高精度浮点运算能力以及硬件并行管道指令处理功能等，而同时专用 DSP 芯片也在向单片机化发展。这些都为实现总线不出芯片的设计思想，改善保护的特性奠定了坚实的基础。

根据多年来微机保护的发展和应用情况分析，微机保护可以采用通用硬件平台方式。通用硬件平台应该满足以下基本要求。

1. 高可靠性

可靠性和抗干扰能力一直是微机保护研究的最重要内容之一，它涉及硬件和软件的多个方面。实践证明，总线不出芯片的设计思想为提高整体可靠性起到了非常重要的作用。

2. 开放性

硬件平台对于未来硬件的升级应具有开放性，即随着硬件技术的发展，能够容易地对硬件进行局部或整体的升级，而不影响保护对外接口，从而始终保证微机保护装置硬软件性能的先进性。

3. 通用性

不同类型的保护装置应尽可能具有相同的硬件平台，因而可以减少备品、备件数量，减少现场调试时间，缩短产品开发周期和减少开发硬软件的工作量。

4. 灵活性和可扩展性

硬件平台应该适用于不同保护装置的不同需求，对于现场的不同保护应用和对资源的不同需求，可方便地增减相应的模块，完全不必对硬件及软件重新设计。

5. 模块化

模块化硬件结构能够充分满足上述硬件平台的要求和特点，装置的硬件数量总体上减少，相互通用，功能模块技术已经逐渐成熟。基于模块化的分布式结构，还可以实现先进的分布并行运算及其他算法功能。

6. 与新型互感器接口

光学互感器和电子式互感器的研究已经逐渐进入实际运行阶段，ALSTON、ABB、SIEMENS、三菱公司等已有挂网运行的电子式互感器。所以，微机保护在硬件设计时，应考虑与这类互感器的方便连接。电子式互感器一般输出的是经过 A/D 模数转换后的编码信号，因此，微机保护的硬件电路中，可以取消对交流电压、电流的数据采集，而用相应的读取编码电路来代替。

在硬件电路设计中，还可以采用管理机代替图 1-43 中的人机对话及管理模块，利用管理机的大资源和操作系统，进一步完善管理功能，增强通信能力，方便规约的设计。

第2章 数字滤波器[11~14]

2-1 概 述

滤波器就广义来说是一个装置或系统，用于对输入信号进行某种加工处理，以达到取得信号中的有用信息而去掉无用成分的目的。模拟滤波器是应用无源（R、L、C）或有源（包括运算放大器等）电路元件组成的这样一个物理装置或系统。数字滤波器则可以用图2-1来说明。它将输入模拟信号 $x(t)$ 经过采样和模数（A/D）转换变成数字量后，进行某种数学处理以去掉信号中的无用成分，然后再经过数模（D/A）转换得到模拟量输出 $y(t)$。如果把图2-1中的虚线框看成一个双口网络，则就网络的输入、输出端来看，其作用和模拟滤波器完全一样。

图2-1是指一般的情形，对于微机保护而言，只需要把模拟量转换成数字量，然后微机将根据这些数字量进行预定的滤波和运算，作出判断和响应，例如是否应当发出

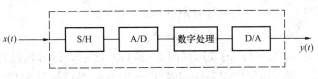

图2-1 数字滤波器示意图

跳闸命令等，而不需要把结果再转换成模拟信号输出，即不需经 D/A 转换。因此这里所讨论的数字滤波器只是图2-1中一部分方框的内容，即图中的"数字处理"部分，它实际上只是一段程序，微机通过执行这一段程序达到滤波的目的，而不需要任何附加硬件。当然，在硬件技术快速发展的今天，"数字处理"部分也可以用数字信号处理器 DSP（Digital Signal Processor）或现场可编程门阵列 FPGA（Field Programmable Gate Array）等运算器件来实现。

模拟滤波器为了实现某一用数学式描述的特性，需要设计一个物理电路，而数字滤波器则只需要按数学式设计和编制程序，不受物理条件的限制，实现起来比前者要灵活得多。数字滤波器与模拟滤波器比较，具有如下突出的优点。

（1）特性一致性好。数字滤波器不像模拟滤波器那样存在着元件特性的差异，一旦程序设计完成，每台装置的特性就可以做到完全一致，而不用逐台调试。

（2）不存在由于温度变化、元件老化等因素对滤波器特性影响的问题。

（3）不存在阻抗匹配的问题。

（4）灵活性好。只要改变数字滤波器的计算公式或改变某些系数，即可达到改变滤波特性的目的。同时，可以预先设计多种数字滤波器，而后根据需要，方便地选择不同特性的数字滤波器。

（5）精确度高。包含 R、L、C 元件构成的模拟型滤波器中，R、L、C 元件的精确度达到1%时已经算是精密元件了，进一步提高模拟滤波器的精确度是较困难的。而数字滤波器中，只要取16位的字长进行运算（这在微型机中很容易做到），就可以达到 $10^{-4.8}$ 的精确度；如果取32位的字长进行运算，则精确度可达 $10^{-9.6}$。从理论上说，仅考虑精确度的话，微型机在进行数字滤波器的计算过程中，可以实现任意精确度。显然，数字滤波器的精确度

要比模拟滤波器的精确度高。

正因为数字滤波器具有上述优点，所以，微机保护一般都使用了数字滤波器。而在第一章提到的设置在采样前的模拟低通滤波器只是为了防止频率混叠，它的截止频率一般是很高的。采用数字滤波器还可以抑制数据采集系统引入的各种噪声，例如模数转换的整量化噪声，电压形成回路中各中间变换器的励磁电流造成的波形失真等。其中，模数转换的整量化噪声是在模拟滤波器之后产生的，无法由模拟滤波器予以抑制。

实际上，有许多不是用微型机的场合，为了利用数字滤波器的优点，也专为其滤波而设置模数和数模转换以及专用的运算器硬件，如图 2-1 中所示。

为了帮助读者更简单、直观地理解数字滤波器的实质、原理和工作过程，下面用一个例子予以说明。

【例 2-1】 设一个模拟信号既包含了工频基波信号，也包含了三次谐波成分，表达式为

$$x(t) = \sin\omega_1 t + 0.6\sin(3\omega_1 t) \tag{2-1}$$

式中　ω_1——工频基波角频率；

　　$3\omega_1$——三次谐波角频率。

式（2-1）的波形如图 2-2（a）所示。试分析经过采样计算如何滤去三次谐波。

解　如果应用采样间隔 $T_S=5/3\text{ms}$ 对该信号采样，那么，微型机将得到一系列离散化的采样值 $x(k)$，见表 2-1 中第二行。当然，如果采用其他的采样间隔，就会得到另一组离散化的采样值。

表 2-1　　　　　　　　　　　　　　**采 样 值 与 计 算 值**

k	0	1	2	3	4	5	6	7	8	9	10	11
$x(k)$	0	1.1	0.866	0.4	0.866	1.1	0	-1.1	-0.866	-0.4	-0.866	-1.1
$y(k)$			0.5	0.866	1	0.866	0.5	0	-0.5	-0.866	-1	-0.866

注　表中只列出部分采样值，并假设 A/D 转换等各环节的传变变比均为 1。

当微型机得到采样值后，可以应用下式进行计算

$$y(kT_S) = \frac{1}{\sqrt{3}}\{x(kT_S) + x[(k-2)T_S]\}$$

由于离散序列通常是按照间隔 T_S 采样而得到的，所以，一般情况下，忽略 T_S 的符号（下同），将上式简写为

$$y(k) = \frac{1}{\sqrt{3}}[x(k) + x(k-2)] \tag{2-2}$$

经式（2-2）计算，微型机得到另一组新的离散化序列 $y(k)$，见表 2-1 中的第三行。将新序列 $y(k)$ 再描绘出来的话，得到图 2-2（b）所示的曲线。

由图 2-2（b）可以看出，新序列所得到的波形是一个较规范的工频基波信号，其幅值与原始输入信号中的基波幅值是一样的，同时已经将三次谐波滤除掉了。在本章 2-8 节会看到，新序列信号与原始基波信号之间会产生一个固定的相移，并且该相移可以事先知道。于是，经过式（2-2）的计算后，新序列 $y(k)$ 中完全反映了原始工频基波信号的幅值、初

相位等基本特征，没有了三次谐
波的任何影响。

　　由此可以得出数字滤波器
的实质：对采样后的离散化序
列进行一定的数学计算，得到
一组新的离散化序列，而新的
离散化序列中，包含了有用信
号的所有信息，滤掉或抑制了
无用信号的成分，达到了滤波
的效果。

　　设计数字滤波器的过程就是
如何设计出具体的计算公式，满
足滤波特性的要求。当然，式
(2-2) 只是一个简单的、仅滤
三次谐波的计算公式。顺便指
出，同样的离散值计算公式在不
同的采样间隔情况下，一般会得
出不同的滤波效果。实际上，常

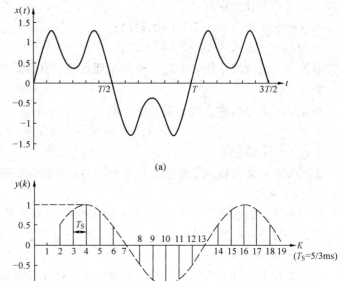

图 2-2　输入与输出的波形
(a) 输入模拟信号的波形；(b) 新序列波形

用的离散值差分计算 $y(k) = x(k) - x(k-1)$ 或 $y(k) = x(k+1) - x(k)$，就是数字滤波器的最
简单例子。众所周知，这种差分计算能够滤除直流分量，可达到滤除直流分量的滤波目的。

　　本章将讨论数字滤波器的原理和设计，即寻求它应当进行何种运算，以及运算后在频域
将达到什么效果。首先分析模拟滤波器的时域和频域响应，以期得到数字滤波器应当进行何
种运算的启示。由于数字滤波器是在离散时间域工作的，因而本章 2-3 节至 2-5 节将提供
分析离散信号和系统的数学基础。

　　本章内容要求读者熟悉连续信号的傅里叶级数和傅里叶变换。

2-2　连续时间系统的频率特性和冲激响应

一、基本知识和定义

1. 系统

凡是反映原因和结果关系的装置或运算都可称为系统，它是物理装置和数字运算的统
称。滤波器就是系统的一个典型例子。一个系统一般可以用图
2-3 来表示。

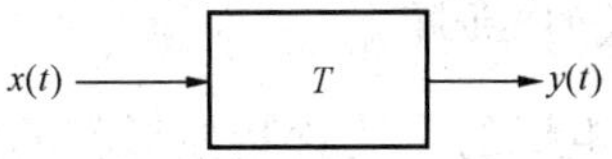

图 2-3　系统的表示法

若用算子符号 $T[\cdot]$ 来描述系统，则可以写成为

$$y(t) = T[x(t)]$$

表示 $x(t)$ 经过某种 T 处理后得到 $y(t)$。

2. 线性系统

满足下式的系统称为线性系统，即

$$T[ax_1(t) + bx_2(t)] = ay_1(t) + by_2(t)$$

式中　a、b——任意常数；

　　$y_1(t)$——输入为 $x_1(t)$ 时的输出；

　　$y_2(t)$——输入为 $x_2(t)$ 时的输出。

显然，只有线性系统才能应用叠加原理及基于叠加原理的频域分析法。

3. 时不变系统

满足下式的系统称为时不变系统，即

$$T[x(t-t_1)] = y(t-t_1)$$

式中　t_1——任意常数。

上式表示，如果输入信号推迟一个时间 t_1，则输出也将推迟同一时间 t_1，但波形不变。

4. 因果系统

因果系统是指输出变化不会发生在输入变化之前的系统。也就是说，如果在 $t=0$ 时，加上输入信号 $x(t)$，系统的输出为 $y(t)$；而当 $t<0$ 时，若 $x(t)=0$，则 $y(t)$ 也必为零。

5. 稳定系统

稳定系统是指任意有界输入都不会产生无界输出的系统。

实际上，绝大多数的实用系统都是线性、时不变、稳定的因果系统。本书将只讨论这样的系统。

6. 冲激函数 $\delta(t)$

冲激函数 $\delta(t)$ 定义是

$$\int_{-\infty}^{\infty} \delta(t)dt = 1$$

$$\delta(t) = \begin{cases} \infty, t=0 \\ 0, t \neq 0 \end{cases}$$

可见，它是发生在 $t=0$ 时并具有单位面积的一个无限窄的脉冲，可以用一个箭头表示，如图 2-4 所示。可以把 $\delta(t)$ 理解为如图 2-5 所示的面积为 1 的矩形脉冲在脉冲宽度 α 趋于零时的极限。

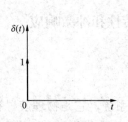
图 2-4　冲激函数表示法

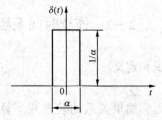
图 2-5　面积为 1 的矩形脉冲

应当指出，既然是取极限，则图 2-5 中的脉冲不一定非是矩形的，任意其他形状的脉冲只要在宽度无限缩小时面积始终为 1，其极限都是冲激函数。根据 $\delta(t)$ 的定义，并把它理解为图 2-5 的极限，则不难导出它有如下重要性质。

（1）一个任意函数 $f(t)$ 与 $\delta(t)$ 相乘后，沿时间轴的积分即为该函数在 $t=0$ 时的值，即

$$\int_{-\infty}^{\infty} f(t)\delta(t)dt = f(0) \tag{2-3}$$

(2) 类似地，有

$$\int_{-\infty}^{\infty} f(t)\delta(t-t_1)\mathrm{d}t = f(t_1) \qquad (2\text{-}4)$$

式中 $\delta(t-t_1)$ 表示发生在 $t=t_1$ 的一个冲激。

(3) $\delta(t)$ 的频谱。傅里叶变换有如下定义

$$F(f) \triangleq = \int_{-\infty}^{\infty} f(t)\,\mathrm{e}^{-\mathrm{j}2\pi ft}\,\mathrm{d}t$$

并应用式（2-3），得 $\delta(t)$ 的频谱为

$$\mathscr{F}\left[\delta(t)\right] = \int_{-\infty}^{\infty} \delta(t)\mathrm{e}^{-\mathrm{j}2\pi ft}\,\mathrm{d}t = 1 \qquad (2\text{-}5)$$

根据式（2-5），应用傅里叶变换的延时定理，得

$$\mathscr{F}\left[\delta(t-t_1)\right] = \mathrm{e}^{-\mathrm{j}2\pi ft_1} \qquad (2\text{-}6)$$

二、连续时间系统的频率特性

一个连续系统的输入和输出在频域有如下关系

$$Y(f) = X(f)\cdot H(f) \qquad (2\text{-}7)$$

式中　$Y(f)$、$X(f)$——分别为输出和输入的傅里叶变换或频谱；

　　　　$H(f)$——该系统的频率特性。

$H(f)$ 一般是复数，可写为

$$H(f) = A(f)\mathrm{e}^{\mathrm{j}\varphi(f)}$$

式中　$A(f)$、$\varphi(f)$——分别为幅频特性和相频特性，它们都是频率的函数。

$H(f)$ 的物理意义是，对于输入信号中的任一频率成分 f_1，经过系统后幅值乘了 $A(f_1)$ 倍，而相位相差为相角 $\varphi(f_1)$，但输出量的频率仍然是 f_1。$H(f)$ 是对系统或滤波器的充分描述，因为输入任意信号时，可以把它分解为无限多个频率成分，通过 $H(f)$ 得到对应于每一个输入分量的输出，其总和就是对应于任意输入信号的输出。换言之，知道了滤波器的频率特性就知道了滤波器的全部行为。

频率特性虽然是对滤波器的充分描述，并且通过它可以清楚地看到滤波器滤除不需要的频率成分的能力，但是不能直观地看到滤波器的输入和输出在时域的直接联系，而为了实现数字滤波器，正要寻求这种联系。下面要介绍的冲激响应就能描述这种联系。

既然 $H(f)$ 是对滤波器的充分描述，将预期可以从 $H(f)$ 导出滤波器的冲激响应，也就是说这两者之间存在着一定的关系。

三、连续时间系统的冲激响应

当系统或滤波器的输入为冲激函数 $\delta(t)$ 时，其输出记作 $h(t)$，称为该系统的冲激响应。如果仍然用算子符号 $T[\cdot]$ 来描述系统，则可以写为

$$h(t) \triangleq T[\delta(t)] \qquad (2\text{-}8)$$

显然，一个因果系统的冲激响应必然有当 $t<0$ 时，$h(t)=0$。

根据时不变系统的定义，有

$$T[\delta(t-t_1)] = h(t-t_1) \qquad (2\text{-}9)$$

冲激响应对滤波器的描述也是充分的，因为一个任意输入信号可以用无穷多个冲激之和

来表示，即

$$x(t) = \int_{-\infty}^{\infty} x(\tau)\delta(t-\tau)\mathrm{d}\tau \qquad (2\text{-}10)$$

式（2-10）中，变量 t 对积分式来说是常数。根据式（2-4）可知，式（2-10）中的积分值等于当 $\tau=t$ 时的 $x(\tau)$ 值，即 $x(t)$。现在应用算子符号，得

$$y(t) = T[x(t)] = \int_{-\infty}^{\infty} x(\tau)T[\delta(t-\tau)]\mathrm{d}\tau$$

因为对于以 t 为变量的算子来说，τ 是常数，所以上式中可以把 T 移入积分符号内。现在应用式（2-9），得

$$y(t) = \int_{-\infty}^{\infty} x(\tau)h(t-\tau)\mathrm{d}\tau \qquad (2\text{-}11)$$

这就是说，只要知道了冲激响应，就可以通过式（2-11）求出任意输入时的输出。所以说冲激响应也是对滤波器的一个充分的描述。

式（2-11）右侧的积分形式称作卷积积分，记作

$$y(t)=x(t)*h(t)$$

经过适当的变量置换，可以证明卷积符合互换律，即

$$x(t)*h(t)=h(t)*x(t)$$

因而又有

$$y(t) = \int_{-\infty}^{\infty} h(\tau)x(t-\tau)\mathrm{d}\tau \qquad (2\text{-}12)$$

四、冲激响应和频率特性之间的关系

对式（2-11）两边进行傅里叶变换得

$$Y(f) = \int_{-\infty}^{\infty}\left[\int_{-\infty}^{\infty} x(\tau)h(t-\tau)\mathrm{d}\tau\right]\mathrm{e}^{-\mathrm{j}2\pi ft}\mathrm{d}t$$

$$= \int_{-\infty}^{\infty} x(\tau)\left[\int_{-\infty}^{\infty} h(t-\tau)\mathrm{e}^{-\mathrm{j}2\pi ft}\mathrm{d}t\right]\mathrm{d}\tau$$

进行变量置换，令 $\lambda=t-\tau$，代入得

$$Y(f) = \int_{-\infty}^{\infty} x(\tau)\left[\int_{-\infty}^{\infty} h(\lambda)\mathrm{e}^{-\mathrm{j}2\pi f(\lambda+\tau)}\mathrm{d}\lambda\right]\mathrm{d}\tau$$

$$= \int_{-\infty}^{\infty} x(\tau)\mathrm{e}^{-\mathrm{j}2\pi f\tau}\mathrm{d}\tau \cdot \int_{-\infty}^{\infty} h(\lambda)\mathrm{e}^{-\mathrm{j}2\pi f\lambda}\mathrm{d}\lambda$$

$$= X(f) \cdot \int_{-\infty}^{\infty} h(\lambda)\mathrm{e}^{-\mathrm{j}2\pi f\lambda}\mathrm{d}\lambda$$

对比式（2-7），知道

$$H(f) = \int_{-\infty}^{\infty} h(\lambda)\mathrm{e}^{-\mathrm{j}2\pi f\lambda}\mathrm{d}\lambda \qquad (2\text{-}13)$$

式（2-13）表明了频率特性是冲激响应的傅里叶变换，也就是说，二者是一个傅里叶变换对，知道其中一个就可求出另一个。根据傅里叶反变换式

$$h(t) = \int_{-\infty}^{\infty} H(f) e^{j2\pi f t} \, df \qquad (2-14)$$

式（2-14）中已把 λ 改写为习惯形式 t，变量的符号丝毫不影响问题的实质。

通过上述推导，已证明了一个有用的定理——时域卷积定理，它说明两个时域函数的卷积的傅里叶变换，是这两个时域函数各自的傅里叶变换的乘积。例如上面证明了

$$\mathscr{F}[x(t)*h(t)] = \mathscr{F}[x(t)] \cdot \mathscr{F}[h(t)]$$

用类似的方法还可以证明另一个重要定理——频域卷积定理，即两个时间函数的乘积的傅里叶变换是它们各自的傅里叶变换的卷积。这两个卷积定理以后将经常用到。

正如预期的那样，现在证明了滤波器的两种描述方法，$H(f)$ 和 $h(t)$ 是互相关联的，是一个傅里叶变换对。其中 $h(t)$ 和式（2-11）或式（2-12）揭示了滤波器可以通过对输入信号进行某种数学运算来实现，这种运算就是将输入信号同 $h(t)$ 卷积。这样运算后，在频域达到的滤波效果则反映在 $h(t)$ 的傅里叶变换，即滤波器的频率特性中。这正是本章一开始提出的要寻求的关系。事实上，后面要介绍的非递归型数字滤波器正是按这一关系直接实现的。

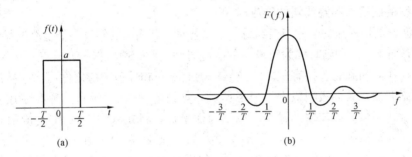

图 2-6 门函数及其傅里叶变换

(a) 门函数；(b) 傅里叶变换

为了从物理概念上理解数学运算能够起到滤波的作用，下面用一个例子予以说明。

【例 2-2】 具有矩形冲激响应的滤波器的滤波作用。

首先观察如图 2-6 所示的一个矩形时域函数（或称门函数）的傅里叶变换。

根据傅里叶变换的定义，得

$$\mathscr{F}(f) = \int_{-\frac{T}{2}}^{\frac{T}{2}} a e^{-j2\pi f t} \, dt = \frac{a}{-j2\pi f} e^{-j2\pi f t} \Big|_{-\frac{T}{2}}^{\frac{T}{2}} = a \frac{e^{j\pi f T} - e^{-j\pi f T}}{j2\pi f} = aT \frac{\sin \pi f T}{\pi f T} \qquad (2-15)$$

其图形示于图 2-6(b)。实际上的冲激响应必定是偏向时间轴右侧，如图 2-7(a) 所示，因为必须满足当 $t<0$ 时，$h(t)=0$ 的条件。根据延时定理，其傅里叶变换［如图 2-7(b) 所示］同图 2-6(b) 相似，只是增加了一个相移特性 $\varphi(f)$。

根据式（2-12），将图 2-7(a) 所示的冲激响应代入得

$$y(t) = a \int_{0}^{T} x(t-\tau) \, d\tau$$

可见，具有矩形冲激响应的滤波器实际上是将输入信号移动地积分，积分区间的长度为 T，因

而它能完全滤掉输入信号中频率为 $f=\dfrac{1}{T}$ 及其整倍数的各种频率成分［如图2-7（b）所示］，因为这些成分在积分时，正负半周正好互相抵消。对于其他高频成分，由于正负半周不能正好抵消，所以不能完全被滤掉，这就是其频率特性在高频段出现许多称为旁瓣的凸起部分的原因，而且频率越高，旁瓣的高度越小，因为频率越高不能抵消的部分所占的比例就越小。

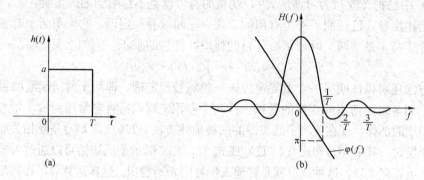

图2-7　矩形冲激响应及频率特性
(a) 冲激响应；(b) 频率特性

五、卷积的图解法和滤波器的响应时间

一个滤波器的输入从一个稳态变到另一个稳态时，其输出要经过一个过渡过程的延时才能达到新的稳态输出。这种延时称为滤波器的响应时间。对于微机保护，这是一个重要的指标，因为保护的动作时间和它直接有关。滤波器的响应时间和冲激响应之间有着直接的联系。

设有一滤波器，其冲激响应为一矩形函数，如图2-8（a）所示。现在应用式（2-12）来求输入为阶跃函数时滤波器的输出。以 τ 为横坐标，将式（2-12）中右侧积分符号内的两个 τ 的函数分别画在图2-8（a）～（d）中，注意图2-8（b）在 $t=0$ 时式（2-12）中的 $x(t-\tau)=x(-\tau)$，因此函数被折叠至左边；然后将图2-8（a）和（b）的波形相乘，再沿 τ 积分，即可求得 $t=0$ 时的输出值。由图可见，此时 $h(\tau)$ 不等于零的部分和 $x(-\tau)$ 不等于

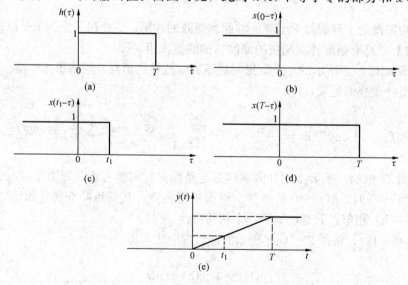

图2-8　卷积的图解法

零的部分不相交，因此相乘后对任何 τ 均为零值，其积分 $y(0)$ 也必等于零 [如图 2-8（e）所示]。随着时间的推移，例如 $t=t_1$ 时，$x(t_1-\tau)$ 的图形相当于将图 2-8（b）向右平移一个时间 t_1，如图 2-8（c）所示。此时，不难从图形看出，式（2-12）的积分值将等于 t_1，即 $y(t_1)=t_1$。随着时间 t 的继续增加，$x(t-\tau)$ 的图形将不断右移，因而输出 $y(t)$ 也不断线性增加，直至 $t=T$，积分值达到稳定值 T，随后不再增加。

从上面的图解过程可以清楚地看到，$h(\tau)$ 不为零的一段时间，本例为 $\tau=0\sim T$，相当于一个窗口，$x(t-\tau)$ 的图形中，只有同这一窗口对齐的部分才被看到而在卷积中起了作用。因而冲激响应的宽度被形象地称为滤波器的时窗宽。在 $t=0$ 时刻输入突变，但通过滤波器时窗看到的输入信号还都是突变前的情况，所以输出不能立即响应，随着时间的推移，通过时窗看到的 $x(t-\tau)$ 的图形不断变化，至 $t=T$ 以后，只看到了突变后的输入图形，完全忘记了突变前的信号情况，于是输出即达到了新的稳态。

由于在 $0<t<T$ 的一段时间内，通过时窗看到的输入情况一部分是突变前的，一部分是突变后的，因而有一个过渡过程。现在已建立了一个重要的概念——滤波器的冲激响应的持续时间决定了滤波器的响应时间。本例讨论的滤波器的冲激响应是一个矩形函数，由于有一个确切的宽度，因而有一个确定的响应时间。但很多滤波器具有逐渐衰减的冲激响应或者是带有逐渐衰减的振荡的冲激响应，分别如图 2-9（a）和图 2-10（a）所示。用图解法不难看出，在输入为阶跃函数时，这两种滤波器的输出分别如图 2-9（b）和图 2-10（b）所示。可以看出，冲激响应的持续时间越长，滤波器达到新的稳态所需的时间越长。所以设计滤波器时，切不可只注意频率特性，还要注意响应时间。

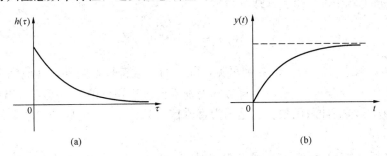

图 2-9　指数衰减的冲激响应及对应的阶跃响应
（a）冲激响应；（b）阶跃响应

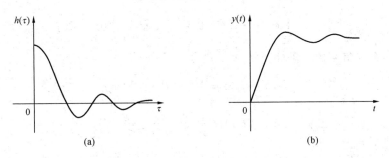

图 2-10　衰减振荡的冲激响应及对应的阶跃响应
（a）冲激响应；（b）阶跃响应

六、周期性时间函数的傅里叶变换和傅里叶级数

众所周知，一个周期性时间函数可以展开为傅里叶级数，但是，周期性时间函数是否存在傅里叶变换呢？所以提出这个疑问，是因为周期性函数不是绝对可积的，即

$$\int_{-\infty}^{\infty} | f(t) | \, dt \to \infty$$

因而其傅里叶积分可能不收敛。下面将看到周期性时间函数的傅里叶变换也是存在的，只是在频域中含有冲激。在这里安排这一节来讨论周期性函数的傅里叶级数和傅里叶变换，是因为这将有利于理解下面要介绍的离散时间函数的频谱，这两者有相似之处。现在通过以下几个周期性函数来说明这个问题。

1. 直流量的傅里叶变换

设 $f(t) = 1$，则

$$\mathscr{F}(f) = \int_{-\infty}^{\infty} e^{-j2\pi ft} \, dt \tag{2-16}$$

前面式（2-5）已经指出，冲激函数的傅里叶变换为 1，将式（2-5）两边进行反变换，得

$$\delta(t) = \int_{-\infty}^{\infty} e^{j2\pi ft} \, df$$

用变量置换，将上式中的 t 和 f 互换，得

$$\delta(f) = \int_{-\infty}^{\infty} e^{j2\pi ft} \, dt \tag{2-17}$$

比较式（2-16）和式（2-17）的右侧可见，除 e 的指数符号不同外，其他完全相同。由于积分的上下限为 $+\infty$ 和 $-\infty$，故以上符号的差别不会影响积分值。于是可得出结论，常数 1 的傅里叶变换为频域的冲激函数。这是因为直流信号只含 $f=0$ 的成分，不含任何其他频率分量。

2. 复指数信号 $f(t) = e^{j2\pi f_0 t}$ 的傅里叶变换

对 $f(t) = e^{j2\pi f_0 t}$ 进行傅里叶变换得

$$\mathscr{F}\left[e^{j2\pi f_0 t}\right] = \int_{-\infty}^{\infty} e^{j2\pi f_0 t} \cdot e^{-j2\pi ft} \, dt = \int_{-\infty}^{\infty} e^{-j2\pi(f-f_0)t} \, dt = \delta(f-f_0) \tag{2-18}$$

3. 正弦和余弦信号的傅里叶变换

由于

$$\cos(2\pi f_0 t) = \frac{1}{2}(e^{j2\pi f_0 t} + e^{-j2\pi f_0 t})$$

$$\sin(2\pi f_0 t) = \frac{1}{2j}(e^{j2\pi f_0 t} - e^{-j2\pi f_0 t})$$

利用式（2-18），得

$$\mathscr{F}\left[\cos(2\pi f_0 t)\right] = \frac{1}{2}\left[\delta(f-f_0) + \delta(f+f_0)\right] \tag{2-19}$$

$$\mathscr{F}\left[\sin(2\pi f_0 t)\right] = \frac{1}{2j}\left[\delta(f-f_0) - \delta(f+f_0)\right]$$

$$=\frac{1}{2}\left[\delta(f+f_0)\mathrm{e}^{\mathrm{j}\frac{\pi}{2}}-\delta(f-f_0)\mathrm{e}^{\mathrm{j}\frac{\pi}{2}}\right] \tag{2-20}$$

4. 周期为 T 的任意周期函数 $f_\mathrm{T}(t)$ 的傅里叶变换

将 $f_\mathrm{T}(t)$ 展开成傅里叶级数

$$f_\mathrm{T}(t)=\sum_{n=-\infty}^{\infty}\dot{F}(n)\mathrm{e}^{\mathrm{j}2\pi nf_0t}$$

式中 $f_0=\dfrac{1}{T}$，对上式两边进行傅里叶变换得

$$\mathscr{F}\left[f_\mathrm{T}(t)\right]=\sum_{n=-\infty}^{\infty}\dot{F}(n)\mathscr{F}\left[\mathrm{e}^{\mathrm{j}2\pi nf_0t}\right]$$

应用式（2-18）代入得

$$\mathscr{F}\left[f_\mathrm{T}(t)\right]=\sum_{n=-\infty}^{\infty}\dot{F}(n)\delta(f-nf_0) \tag{2-21}$$

可见周期函数的傅里叶变换的一般形式是一
串间隔为基频 f_0 的冲激，各冲激的强度即
为其各次谐波的幅度。图 2-11 示出了一个
周期性矩形函数的傅里叶变换及傅里叶级数
各次谐波的系数 $\dot{F}(n)$。傅里叶变换和傅里
叶级数的区别是前者定义在连续域，对每一
个 f 都有定义。但是应用于非周期函数时，
它的每个频率成分的幅值都是无穷小量，即
是一个连续频谱。通常所说的连续频谱是频
谱密度的简称，只有 $F(f)\mathrm{d}f$ 才有幅度的量
纲。因此，当傅里叶变换应用于周期函数
时，由于它只含有基波及其整数倍的谐波，
而各次谐波的幅值不是无穷小量而是有限
值，因而其频谱密度出现冲激。傅里叶级数
各次谐波的复振幅 $\dot{F}(n)$ 是定义在离散频域
的，间隔为基频 f_0，其值都是有限值。所
以，同样一个周期性时间函数 $f_\mathrm{T}(t)$ 可以有
两种分析方法。一种是将其分解为傅里叶级
数，用求和公式

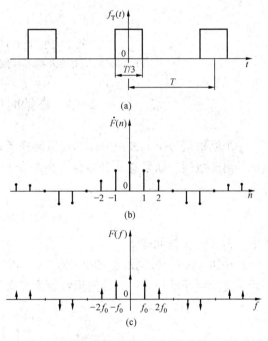

图 2-11　周期函数的傅里叶级数及傅里叶变换
(a) 周期为 T 的周期函数;
(b) 傅里叶级数; (c) 傅里叶变换

$$f_\mathrm{T}(t)=\sum_{n=-\infty}^{\infty}\dot{F}(n)\mathrm{e}^{\mathrm{j}2\pi nf_0t} \tag{2-22}$$

另一种是分解为定义在连续域的频谱密度，用傅里叶变换的积分形式，即

$$f_\mathrm{T}(t)=\int_{-\infty}^{\infty}F(f)\mathrm{e}^{\mathrm{j}2\pi nf_0t}\mathrm{d}t \tag{2-23}$$

5. 一串等间隔冲激的傅里叶变换

现在应用周期性时间函数的傅里叶变换的一般形式即式（2-21），求如图 2-12（a）所

示的周期函数 $\delta_T(t)$ 的傅里叶变换，这个变换式以后经常要用到。$\delta_T(t)$ 为无穷多个间隔为 T、强度为 1 的冲激，其傅里叶级数的各次谐波的复系数为

$$\dot{F}(n) = \frac{1}{T}\int_{-\frac{T}{2}}^{\frac{T}{2}} \delta_T(t)\mathrm{e}^{-\mathrm{j}2\pi nf_0 t}\mathrm{d}t = \frac{1}{T}$$

代入式（2-21），得

$$\mathscr{F}\left[\delta_T(t)\right] = \frac{1}{T}\sum_{n=-\infty}^{\infty}\delta(f-nf_0) \tag{2-24}$$

可见 $\delta_T(t)$ 的傅里叶变换是在频域的一串等间隔冲激，其强度和间隔均为 $1/T$，如图 2-12（b）所示。

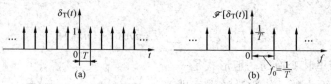

图 2-12 $\delta_T(t)$ 及其傅里叶变换
(a) 周期为 T、强度为 1 的周期函数；(b) $\delta_T(t)$ 的傅里叶变换

2—3 离散时间信号的频谱

一个模拟信号 $x(t)S$ 经采样和模数转换后，输入至微型机的是一串时间离散化、数值整量化的离散数列。如果忽略其量值上的整量化误差，并假设采样是理想的，则此数列可以写为

$$x(nT_S) = x(t)\Big|_{t=nT_S}$$

式中　T_S——采样间隔。

$x(t)$ 和 $x(nT_S)$ 分别示于图 2-13（a）和（b）。注意，$x(nT_S)$ 仅在离散的时域有定义，因此不能沿时间轴积分，它的傅里叶变换定义为

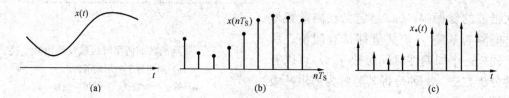

图 2-13 采样信号的表示法
(a) 连续函数；(b) 离散时域表示法；(c) 冲激表示法

$$X(\mathrm{e}^{\mathrm{j}\omega T_S}) \triangleq \sum_{n=-\infty}^{\infty} x(nT_S)\mathrm{e}^{-\mathrm{j}2\pi fnT_S} \tag{2-25}$$

式中，$\omega=2\pi f_0$。注意，式（2-25）中左侧频域的自变量写成 $\mathrm{e}^{\mathrm{j}\omega T_S}$，而不写成 f 或 ω，这是因为下面将看到离散时间信号的傅里叶变换或频谱是 f 的周期性函数，其周期为 f_S。所以变量 f 总是以 $\mathrm{e}^{\mathrm{j}\omega T_S}$ 的形式出现，因为 $\mathrm{e}^{\mathrm{j}\omega T_S}$ 是以 f_S 为周期的周期性函数。为了推导 $X(\mathrm{e}^{\mathrm{j}\omega T_S})$ 和被采样的连续函数 $x(t)$ 的频谱 $X(f)$ 之间的关系，定义

$$x_*(t) \triangleq x(t) \sum_{n=-\infty}^{\infty} \delta(t - nT_S)$$

$$= \sum_{n=-\infty}^{\infty} x(nT_S)\delta(t - nT_S) \tag{2-26}$$

式中，$x_*(t)$ 称为采样信号，其图形示于图 2-13（c），它是 $x(t)$ 和一串间隔为 T_S 的均匀冲激 $\delta_{TS}(t)$ 的乘积，因而它仍然是一串冲激。各冲激的强度就是该采样时刻 $x(t)$ 的瞬时值。注意，$x_*(t)$ 是定义在连续时域的，因而可以沿 t 轴积分，所以可以求出它的傅里叶变换。下面将看到 $x_*(t)$ 的傅里叶变换是周期性的，而且它正是要寻求的离散时间信号的频谱。$x_*(t)$ 的傅里叶变换为

$$\mathscr{F}[x_*(t)] = X_*(f)$$

$$= \int_{-\infty}^{\infty} \sum_{n=-\infty}^{\infty} x(nT_S)\delta(t - nT_S) e^{-j2\pi ft} \, dt$$

$$= \sum_{n=-\infty}^{\infty} x(nT_S) \int_{-\infty}^{\infty} \delta(t - nT_S) e^{-j2\pi ft} \, dt$$

应用式（2-6）代入得

$$X_*(f) = \sum_{n=-\infty}^{\infty} x(nT_S) e^{-j2\pi fnT_S} \tag{2-27}$$

对比式（2-25）可见，$X_*(f)$ 和 $X(e^{j\omega T_S})$ 相同。

下面分析 $X_*(f)$ 和被采样信号 $x(t)$ 的频谱 $X(f)$ 之间的关系。将式（2-26）两边进行傅里叶变换，并应用频域卷积定理，得

$$X_*(f) = X(f) * \mathscr{F}\left[\sum_{n=-\infty}^{\infty} \delta(t - nT_S)\right]$$

将式（2-24）代入得

$$X_*(f) = X(f) * \left[f_S \sum_{n=-\infty}^{\infty} \delta(f - nf_S)\right]$$

$$f_S = \frac{1}{T_S}$$

式中　f_S——采样频率。

设 $X(f)$ 如图 2-14（a）所示，则它和图 2-14（b）所示的均匀冲激序列相卷积得到的图形 $X_*(f)$，将如图 2-14（c）所示。可见它相当于将 $X(f)$ 以 f_S 为周期，拓广成频率的周期性函数，只是幅度差了一个常数 f_S（差一个常数无关紧要，以后不再强调这一点）。如果 $X(f)$ 是限带的，并且满足

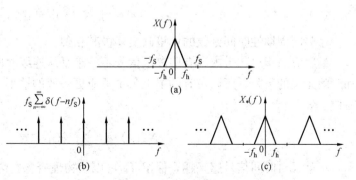

图 2-14　$X_*(f)$ 和 $X(f)$ 的关系

(a) 原连续信号的频谱；(b) 梳状谱；(c) 理想采样信号的频谱

$$X(f)=0，当 \mid f \mid > \frac{f_S}{2} 时 \qquad (2\text{-}28)$$

则 $X_*(f)$ 在 $-\frac{f_S}{2}$ 到 $\frac{f_S}{2}$ 的一个周期范围内的形状同 $X(f)$ 一样。这意味着在这样的条件下，虽然通过采样只知道 $x(t)$ 在各采样时刻的值 $x(nT_S)$，但这些值却已包含了 $x(t)$ 的全部信息，因为只要知道了 $x(nT_S)$，就可以由式（2-27）求出 $X_*(f)$，于是在 $-\frac{f_S}{2} \sim \frac{f_S}{2}$ 的范围内按下式积分，就可以得到原始函数 $x(t)$ 在任意时刻的值，其积分式为

$$x(t) = \int_{-\infty}^{\infty} X(f) e^{j2\pi ft} df$$

$$= \frac{1}{f_S} \int_{-f_S/2}^{f_S/2} X_*(f) e^{j2\pi ft} df \qquad (2\text{-}29)$$

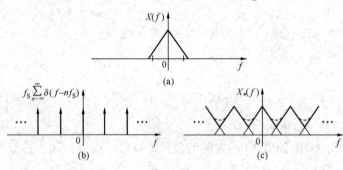

图 2-15　频率混叠的示意图

(a) 原连续信号的频谱；(b) 梳状谱；(c) 信号采样后发生的频谱混叠现象

如果不满足式（2-28）的条件，就将如图 2-15 所示的那样，出现频率混叠现象，$X_*(f)$ 中所包含的 $X(f)$ 的信息将产生畸变。这就是有名的采样定理的主要内容。采样定理是用计算机处理连续时间信号的重要定理。

以上定义了离散时间函数的傅里叶变换［式（2-25）］，又以 $x_*(t)$ 为桥梁，找到了离散时间函数的频谱和被采样连续时间函数的频谱之间的关系。由于离散时间信号的频谱是周期性的，其傅里叶反变换形式定义为

$$x(nT_S) \triangleq \frac{1}{f_S} \int_{-f_S/2}^{f_S/2} X(e^{j\omega T_S}) e^{j2\pi fnT_S} df \qquad (2\text{-}30)$$

而定义在连续时间域的采样信号 $x_*(t)$ 的傅里叶反变换形式则为

$$x_*(t) = \int_{-\infty}^{\infty} X_*(f) e^{j2\pi ft} df$$

这些同周期性时间函数的傅里叶变换极其相似。

最后应当指出，考虑到有些离散信号不一定是从连续时间信号采样得来的，可能是一串和时间无关的数列，所以，有的书上为了适应更一般的情形，略去式（2-25）中的 T_S，而写成

$$X(e^{j\omega}) \triangleq \sum_{n=-\infty}^{\infty} x(n) e^{-j\omega n}$$

本章只对时间信号感兴趣，保留 T_S 可以使物理概念更清楚。

2—4　Z 变　换

连续时间信号除了有傅里叶变换外，还有拉普拉斯变换

$$F(s) \underline{\triangle} \int_{-\infty}^{\infty} f(t) e^{-st} dt$$

式中　复数自变量 $s = \sigma + j\omega$。

对比拉普拉斯变换同傅里叶变换的定义，可见拉普拉斯变换相当于将 $f(t)$ 先乘上 $e^{-\sigma t}$ 后，再作傅里叶变换，σ 称为收敛因子。因为许多时间函数的傅里叶变换可能不收敛，但拉普拉斯变换式却可以收敛。实际上，傅里叶变换是沿 S 平面上的 $j\omega$ 轴的拉普拉斯变换。同样的，离散时间信号也可以有拉普拉斯变换，将式（2-25）中的 $j\omega$ 用复数 S 替代，得

$$X(e^{sT_S}) = \sum_{n=-\infty}^{\infty} x(nT_S) e^{-snT_S}$$

和式（2-25）左侧写成 $X(e^{j\omega T_S})$ 同样的道理，因为离散信号变换后的自变量 s 总是以 e^{sT_S} 的形式出现的，所以可以用变量 $Z = e^{sT_S}$ 置换，写成

$$X(Z) \underline{\triangle} \sum_{n=-\infty}^{\infty} x(nT_S) Z^{-n} \qquad (2-31)$$

它实际上就是离散时间信号的拉普拉斯变换。S 平面和 Z 平面的映射关系示于图 2-16。S 平面上的虚轴映射到 Z 平面是一个单位圆。当 S 平面上沿虚轴从 $-j\infty$ 到 $+j\infty$ 变化时，Z 在单位圆上反时针转无穷多个圈，因而在单位圆上的 Z 变换即离散信号的傅里叶变换。

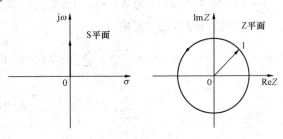

图 2-16　S 平面和 Z 平面的映射

2—5　离散时间系统的单位冲激响应和频率特性

一、离散时间系统

在 2—2 节中，已对系统及其分类下了定义。这些定义既适应于连续域，也适用于离散域，离散系统的输入和输出都是定义在离散域的。

数字滤波器是一个典型的离散系统。

二、单位冲激序列和单位冲激响应

单位冲激序列的定义是

$$\delta(nT_S) = \begin{cases} 1, & n=0 \\ 0, & n \neq 0 \end{cases} \qquad (2-32)$$

注意，它同 $\delta(t)$ 的不同点是，它定义在离散域，且 $n=0$ 时其值为有限值1。一个离散系统对 $\delta(nT_S)$ 的响应记作 $h(nT_S)$，称为该系统的单位冲激响应，用算子符号 T 表示为

$$h(nT_S) \underline{\triangle} T[\delta(nT_S)]$$

由于任意的离散输入信号 $x(nT_S)$ 都可以表示为一串互相错开、幅度受到调制的单位冲激序

列之和，即

$$x(nT_S) = \sum_{k=-\infty}^{\infty} x(kT_S)\delta(nT_S - kT_S)$$

所以，对应的输出可以用单位冲激响应表示为

$$y(nT_S) = T\Big[\sum_{k=-\infty}^{\infty} x(kT_S)\delta(nT_S - kT_S)\Big]$$

$$= \sum_{k=-\infty}^{\infty} x(kT_S)T[\delta(nT_S - kT_S)]$$

$$= \sum_{k=-\infty}^{\infty} x(kT_S)h(nT_S - kT_S) \tag{2-33}$$

经过适当的变量置换，还可以证明

$$y(nT_S) = \sum_{k=-\infty}^{\infty} h(kT_S)x(nT_S - kT_S) \tag{2-34}$$

式（2-33）和式（2-34）右侧的形式称作卷积和，记作

$$y(nT_S) = h(nT_S) * x(nT_S) = x(nT_S) * h(nT_S)$$

同卷积积分的形式相似，只是积分变成了求和。

三、离散时间系统的频率特性

一个单位冲激响应为 $h(nT_S)$ 的系统，视其输入和输出在频域有什么关系。将式（2-33）两边进行傅里叶变换得

$$Y(e^{j\omega T_S}) = \sum_{n=-\infty}^{\infty}\Big[\sum_{k=-\infty}^{\infty} x(kT_S)h(nT_S - kT_S)\Big]e^{-j\omega nT_S}$$

$$= \sum_{k=-\infty}^{\infty} x(kT_S)\Big[\sum_{n=-\infty}^{\infty} h(nT_S - kT_S)e^{-j\omega(nT_S - kT_S)}\Big]e^{-j\omega kT_S}$$

$$= \sum_{k=-\infty}^{\infty} x(kT_S)e^{-j\omega kT_S}$$

$$\times \Big[\sum_{n=-\infty}^{\infty} h(nT_S - kT_S)e^{-j\omega(nT_S - kT_S)}\Big]$$

上式右侧第一个方括号内就是输入信号的频谱 $X(e^{j\omega T_S})$，第二个方括号内如果用一个新的变量去置换 $(n-k)$，不难看出就是单位冲激响应的傅里叶变换或频谱，可记作 $H(e^{j\omega T_S})$，所以

$$Y(e^{j\omega T_S}) = X(e^{j\omega T_S})H(e^{j\omega T_S}) \tag{2-35}$$

$H(e^{j\omega T_S})$ 就是离散系统的频率特性，其物理意义和连续系统的频率特性一样，并且正如预料的那样，它和其单位冲激响应也构成一对傅里叶变换。$H(e^{j\omega T_S})$ 也是以采样频率 $f_S = \frac{1}{T_S}$ 为周期的周期函数，这是因为它是离散时间函数 $h(nT_S)$ 的频谱，它在一个周期（$-f_S/2 \sim f_S/2$）内的形状描述了它的滤波特性。

$h(nT_S)$ 的 Z 变换是

$$H(Z) = \sum_{n=-\infty}^{\infty} h(nT_S)Z^{-n} \tag{2-36}$$

称为系统的系统函数或传递函数。

2-6 非递归型数字滤波器

非递归型数字滤波器是将输入信号和滤波器的单位冲激响应作卷积和而实现的一类滤波器，即

$$y(nT_S) = \sum_{k=0}^{N} h(kT_S) \cdot x(nT_S - kT_S) \qquad (2-37)$$

注意，式（2-37）中卷积和的上下限分别为 $k=0$ 和 N，这是因为一个因果系统在 $k<0$ 时，$h(kT_S)$ 必为零。另外，用非递归方式实现滤波器，其单位冲激响应必须是有限长的，否则意味着有无限的运算量，无法实现。式（2-37）中假定了冲激响应有 $h(0T_S)$ 到 $h(NT_S)$ 共 $N+1$ 个值。非递归滤波器必定是有限冲激响应滤波器（Finite Impulse Response 滤波器），简称 FIR 滤波器。非递归型数字滤波器的输出只与输入有关，它是相对于下一节递归型数字滤波器而言的。

非递归型滤波器的设计可以先在连续域进行，即根据频域提出的要求，找到一个合适的傅里叶变换对 $H(f)$ 和 $h(t)$，称为设计样本。然后对 $h(t)$ 按系统的采样频率采样，得到 $h(nT_S)$ 的各系数值，即可按式（2-37）实现滤波器。这里要注意两个问题。

（1）在对 $h(t)$ 采样时，如果满足 $H(f)=0$，当 $|f|>\dfrac{f_S}{2}$ 时的条件，则所设计的数字滤波器的频率特性 $H(e^{j\omega T_S})$ 在 $-f_S/2 \sim f_S/2$ 的范围内将和 $H(f)$ 的形状完全相同，即达到了设计的要求；否则将由于频率混叠，所设计的数字滤波器的特性和设计样本有差异。

微机保护所要求的数字滤波器主要是低通及 50Hz 带通滤波器，上述条件一般都能满足。现在证明，在 $-f_S/2 \sim f_S/2$ 的范围内，只要 $H(e^{j\omega T_S})$ 和 $H(f)$ 相同，而且数据采集系统对输入信号的采样也不产生频率混叠，即满足 $X(f)=0$，当 $|f|>\dfrac{f_S}{2}$ 时，则该数字滤波器的输出 $y(nT_S)$ 就是同一个输入信号 $x(t)$ 经过作为设计样本的模拟滤波器后的输出的采样值，即

$$y(nT_S) = y(t)\Big|_{t=nT_S}$$

如图 2-17 所示。其证明过程如下。

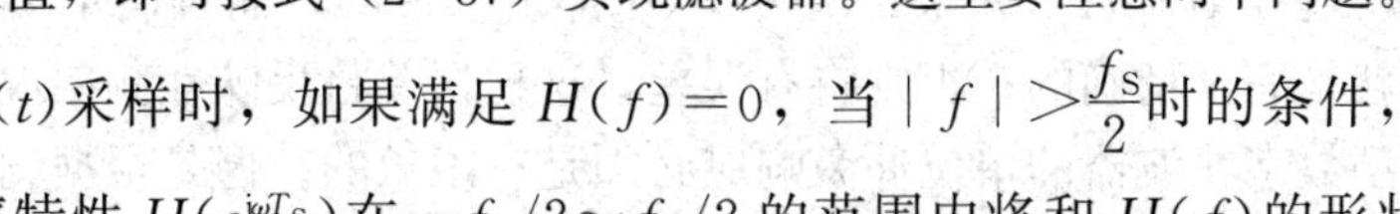

图 2-17 模拟和数字滤波器的对比
(a) 模拟滤波器示意图；(b) 数字滤波器示意图

设样本模拟滤波器的输出为

$$y(t) = \int_{-f_S/2}^{f_S/2} X(f)H(f)e^{j2\pi ft}\,\mathrm{d}f \qquad (2-38)$$

式（2-38）是根据傅里叶反变换式写出的。注意，积分上下限取为$-f_S/2$和$f_S/2$，因为前面已假定$X(f)$是限带的。

数字滤波器的输出为

$$y(nT_S) = \frac{1}{f_S} \int_{-f_S/2}^{f_S/2} X(e^{j\omega T_S}) H(e^{j\omega T_S}) e^{j2\pi fnT_S} df$$

这是根据式（2-35）以及离散信号的傅里叶反变换式，即式（2-30）写出的。

根据图2-14，如在对$x(t)$采样时无混叠，则有$X(e^{j\omega T_S}) = f_S \cdot X(f)$，当$|f| < \dfrac{f_S}{2}$时，代入上式得

$$y(nT_S) = \int_{-f_S/2}^{f_S/2} X(f) \cdot H(e^{j\omega T_S}) e^{j2\pi fnT_S} df$$

对比式（2-38）可见，只要在$-f_S/2 \sim f_S/2$范围内$H(e^{j\omega T_S}) = H(f)$，就有

$$y(nT_S) = y(t)\,|_{t=nT_S}$$

因此，可以用数字滤波器来模仿模拟滤波器，以达到同样的效果。实质上，非递归数字滤波器的实现公式［式（2-37）］可以看成是如式（2-12）所示的模拟滤波器的卷积公式的数值求解。而上述证明过程则证明了如果$x(t)$和$h(t)$都是限带的，而且满足上述条件，那么这种近似数值求解就是完全精确的；否则将有误差，这种误差将反映在频率混叠上。

（2）非递归型数字滤波器的单位冲激响应必须是有限长的。但是根据频域的要求，样本的冲激响应往往是无限长的。因此，为了用非递归的方法来实现，就不得不把它截断，从而使所设计的滤波器的频率特性偏离设计样本。现举例来说明。

1）余弦50Hz带通滤波器。图2-18（a）和（b）是一对傅里叶变换对，时域为一个50Hz的余弦函数，频域则是冲激函数。参见式（2-19），这是一个理想的50Hz带通滤波器的频率特性，然而却是无法实现的。因为它的时域特性在时间轴的两侧均伸向无穷远，不是因果的。为了用非递归方法来近似实现这个理想特性，用图2-18（c）所示的矩形时间函数$p(t)$同图2-18（a）所示的理想特性相乘，将其截断成图2-18（d）所示的有限长特性。现分析图2-18（d）的傅里叶变换，也就是分析具有图2-18（d）所示冲激响应的样本滤波器的频率特性。根据卷积定理，它应当是图2-18（c）所示矩形时域函数的傅里叶变换｛画于图2-18（e）中，实际已在［例2-2］中讨论过｝和图2-18（b）所示的两个冲激的卷积，即

$$H(f) = \frac{1}{2}[\delta(f-50) + \delta(f+50)] * \mathscr{F}[p(t)]$$

应用前面介绍过的卷积图解法，注意图2-18（e）中的附加相位特性，并应用式（2-4），可以得到卷积结果，如图2-18（f）所示。可见它具有50Hz带通特性，在0～100Hz间有一个主瓣，在高频段还有许多旁瓣，但是它能完全滤掉所有的50Hz的整倍数的高次谐波。从卷积过程可以看出，图2-18（f）的主瓣和旁瓣分别对应着图2-18（e）的主瓣和旁瓣。这种由于矩形函数截断而带来的如图2-18（f）示出的旁瓣现象称为吉伯斯现象。图2-18（f）中主瓣的宽度决定于截取的长度，如果$p(t)$的长度越长，则图2-18（e）中的主瓣就越窄，卷积的结果即图2-18（f）中的主瓣也就越窄，则滤波器的选择性越好，但通带中心

频率仍是 50Hz。显然，如果 $p(t)$ 的长度趋向无穷大，则图 2-18（f）中的特性也将趋近理想特性图 2-18（b）。如果要消除吉伯斯现象，可以不用矩形函数来简单地截断，而采用比较圆滑的有限长时间函数来代替 $p(t)$。因为图 2-18（f）中的旁瓣是由于图 2-18（e）中的旁瓣引起的，而图 2-18（e）中的旁瓣又是由于图 2-18（c）中的两条垂直边所致。由于在时域的快速变化意味着它含有丰富的高频分量，因而反映在它的傅里叶变换存在着高频旁瓣。用于这种目的的截断函数统称为时窗函数。

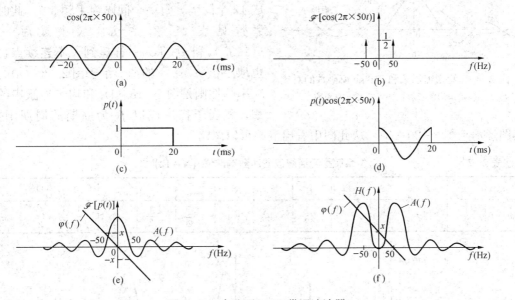

图 2-18　余弦型 50Hz 带通滤波器

下面以一个常用的 Tukey 时窗函数为例进行说明。其时域和频域的函数式分别为

$$f(t)=\begin{cases}\dfrac{1}{2}\left(1+\cos\dfrac{\pi}{T}t\right), & \text{当}\ |t|\leqslant T\\[2mm] 0, & \text{当}\ |t|>T\end{cases}$$

$$F(f)=\frac{\pi^2\sin\omega T}{\omega(\pi^2-\omega^2 T^2)}$$

其图形示于图 2-19。为了对比，同时画出了矩形时窗函数的图形。图中将时域特性画成对称分布在时间零点的两侧，是为了简化频域的表达式，用于截断冲激响应时，应将其移向时间轴右侧，如图 2-18（c）那样。

对比矩形时窗函数和 Tukey 时窗函数，可见后者的旁瓣效应小得多，但在同样的截取长度 T 时，其主瓣比前者的宽。因此用光滑的时窗函数来消除高频旁瓣是在牺牲中心频率附近的选择性的代价下得到的。参考文献［13］中给出了许多类似时窗函数的资料，可供参考。从文献中可以看出上述规律总是存在的，即任何其他时窗函数的主瓣都比矩形时窗的主瓣宽。

为了用数字方法实现具有图 2-18（c）所示冲激响应的滤波器，只要对图 2-18（c）采样，以求得 $h(nT_s)$ 的有限个系数。这里碰到一个问题，即在 $t=0$ 处，图 2-18（c）不连续，$h(0T_s)$ 应如何取值。根据式（2-26），采样相当于用一串均匀的冲激同图 2-18（c）相乘；又从图 2-5 知，可以将冲激函数看成是矩形脉冲的极限，$h(0T_s)$ 应取 $1/2$，因

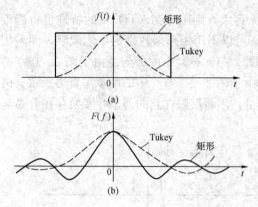

图 2-19 矩形窗函数和 Tukey 窗函数的对比

(a) 矩形窗函数；(b) Tukey 窗函数

为矩形脉冲宽度无限缩小时，在不连续点的右侧，面积始终为 1/2，而在左侧始终为零。至于采样间隔 T_S 的选择，正如第 1 章所讨论的需要考虑许多因素。就数字滤波器来说，对 $h(t)$ 的采样要考虑防止频率混叠。对本例可取 $T_S = 5/3\text{ms}$，即在一个工频周期（20ms）内分成 12 个间隔，每一个间隔为工频 30°，此时各系数见表 2-2。注意，表中最后一点 $h(12T_S)$，和 $h(0T_S)$ 一样碰到了不连续点，故也取 1/2。$h(nT_S)$ 的图形示于图 2-20（a），其频率特性则是图 2-18（f）和均匀冲激串的卷积，相当于拓广成以 f_S 为周期的周期函数，其图形示于图 2-20（b），从此图中看出混叠可以忽略。

表 2-2　　　　　　　　余弦型带通滤波器冲激响应值（N=12）

n	0	1	2	3	4	5	6	7	8	9	10	11	12
$h(nT_S)$	$\frac{1}{2}$	$\frac{\sqrt{3}}{2}$	$\frac{1}{2}$	0	$-\frac{1}{2}$	$-\frac{\sqrt{3}}{2}$	-1	$-\frac{\sqrt{3}}{2}$	$-\frac{1}{2}$	0	$\frac{1}{2}$	$\frac{\sqrt{3}}{2}$	$\frac{1}{2}$

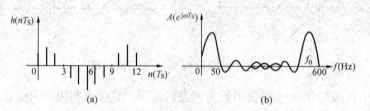

图 2-20　余弦型滤波器的数字实现

(a) $h(nT_S)$ 的图形；(b) 变换为以 f_S 为周期的周期函数

2）正弦型 50Hz 带通滤波器。这个滤波器的冲激响应是用一个长 20ms 的矩形窗函数去截断一个负的正弦函数，如图 2-21（a）所示。（$-\sin\omega_1 t$）的傅里叶变换示于图 2-21（b）。参考式（2-20），矩形窗函数 $p(t)$ 的傅里叶变换重画于图 2-21（c）。图 2-21（b）和图 2-21（c）的卷积结果示于图 2-21（d），即为该滤波器的频率特性。根据这一样本实现的非递归数字滤波器的 $h(nT_S)$ 值在 $T_S = 5/3\text{ms}$ 时，见表 2-3。从图 2-18（f）和图 2-21（d）可见，余弦型 50Hz 带通滤波器对 50Hz 信号的相移为零，而正弦型为 $\pi/2$，两者相差 $\pi/2$。这两种滤波器在微机保护的一个常用算法——整周傅里叶算法中，同时得到了应用，详见第 3 章。

表 2-3　　　　　　　　正弦型带通滤波器冲激响应值（N=12）

n	0	1	2	3	4	5	6	7	8	9	10	11	12
$h(nT_S)$	0	$-\frac{1}{2}$	$-\frac{\sqrt{3}}{2}$	-1	$-\frac{\sqrt{3}}{2}$	$-\frac{1}{2}$	0	$\frac{1}{2}$	$\frac{\sqrt{3}}{2}$	1	$\frac{\sqrt{3}}{2}$	$\frac{1}{2}$	0

最后应当指出，虽然数字滤波器的设计常常根据连续域的模拟滤波器样本进行，但是分析一个已知的 FIR 滤波器，不一定非要找到它的连续域样本，完全可以直接根据已知的

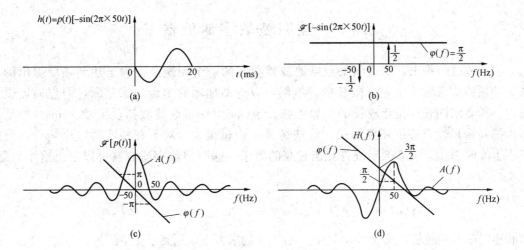

图 2-21　正弦型 50Hz 带通滤波器

$h(nT_S)$ 各系数，用离散信号的傅里叶变换式求出频率特性 $H(\mathrm{e}^{\mathrm{j}\omega T_S})$，或者先用 Z 变换式求出 $H(Z)$，再用 $\mathrm{e}^{\mathrm{j}\omega T_S}$ 取代 Z 而得频率特性。下面用两个微机保护常用的非递归型数字滤波器的例子来说明。

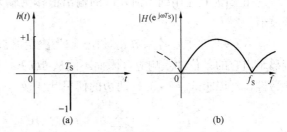

图 2-22　差分滤波器的单位冲激响应和幅频特性
(a) 冲激响应；(b) 幅频特性

1) 差分滤波器。差分滤波器的单位冲激响应只有两点，即 $h(0T_S) = 1$ 和 $h(1T_S) = -1$ [如图 2-22（a）所示]，代入式（2-37）得

$$y(nT_S) = x(nT_S) - x[(n-1)T_S]$$

从上式可以看出差分的含义。将差分滤波器的单位冲激响应按式（2-25）求傅里叶变换，得到其频率特性

$$H(\mathrm{e}^{\mathrm{j}\omega T_S}) = 1 - \mathrm{e}^{-\mathrm{j}2\pi f/f_S}$$

其图形示于图 2-22（b）。差分滤波器常用于消除直流分量，但从图 2-22（b）可见，它将放大高频分量。

2) 积分滤波器。积分滤波器的单位冲激响应为

$$h(nT_S) = \begin{cases} 1, 0 \leqslant n \leqslant N-1 \\ 0, 其他 \end{cases}$$

应用式（2-25）可求得

$$H(\mathrm{e}^{\mathrm{j}\omega T_S}) = \sum_{n=0}^{N-1} \mathrm{e}^{-\mathrm{j}\omega n T_S} = \frac{1 - \mathrm{e}^{\mathrm{j}\omega N T_S}}{1 - \mathrm{e}^{\mathrm{j}\omega T_S}}$$

注意，上面推导中应用了等比级数求和公式。积分滤波器的模拟样本已在［例 2-2］中分析过，而这里导出的频率特性中已考虑了混叠。积分滤波器可以用于消除高频分量，缺点是有许多高频旁瓣。

2—7　递归型数字滤波器

前一节已经指出，非递归型数字滤波器存在的一个问题是，为了达到频域提出的要求，冲激响应常常要求是无限长的。虽然可以近似地用时窗函数来截断，但想逼近设计样本，所要求的长度是比较长的，如正弦、余弦 50Hz 带通滤波器就需要 20ms。如欲进一步提高选择性，长度还要加长，致使运算工作量很大。对于有些实时应用场合，可能跟不上实时节拍，或者要对硬件提出过高的要求。递归型数字滤波器可以解决这个问题，可实现为

$$y(nT_S) = \sum_{k=1}^{N} b_k y(nT_S - kT_S) + \sum_{k=0}^{M} a_k x(nT_S - kT_S) \tag{2-39}$$

和非递归型不同的是，式（2-39）中，$y(nT_S)$ 的求得不仅用到了 $x(nT_S), x(nT_S - T_S), \cdots,$ $x(nT_S - MT_S)$ 等输入值，还用到了前几次的输出值 $y(nT_S - T_S), y(nT_S - 2T_S), \cdots, y(nT_S - NT_S)$。正因为它还用到了前几次的输出值作为输入来求下一次的输出，故称为递归型数字滤波器。

式（2-39）中，各系数 a_k 和 b_k 均为决定滤波器特性的常数。但是式（2-39）没有直接显示出它的单位冲激响应，因而不能从 $h(nT_S)$ 推出频率特性。为了求出递归滤波器的频率特性，可以求式（2-39）两边的傅里叶变换

$$Y(e^{j\omega T_S}) = \sum_{k=1}^{N} b_k \cdot Y(e^{j\omega T_S}) e^{-j\omega k T_S} + \sum_{k=0}^{M} a_k \cdot X(e^{j\omega T_S}) e^{-j\omega k T_S} \tag{2-40}$$

推导中应用了傅里叶变换的延时定理，即

$$\mathscr{F}\left[x(nT_S - kT_S)\right] = \mathscr{F}\left[x(nT_S)\right] e^{-j\omega k T_S} \tag{2-41}$$

将式（2-40）整理得

$$H(e^{j\omega T_S}) = \frac{Y(e^{j\omega T_S})}{X(e^{j\omega T_S})} = \frac{\sum_{k=0}^{M} a_k e^{-j\omega k T_S}}{1 - \sum_{k=1}^{N} b_k e^{-j\omega k T_S}} \tag{2-42}$$

递归型滤波器由于有了递归（或称反馈），就有了记忆作用，所以，除个别特例外，都是无限冲激响应滤波器，简称 IIR（Infinite Impulse Response）滤波器。非递归型滤波器的实现式（2-37）中，$n > N$ 以后，计算 $y(nT_S)$ 所用到的输入信号都是 $t=0$ 以后的值，如果 $t=0$ 时发生故障，经过 NT_S 的延时后，输出就完全不反映故障前的状态了。递归型的实现公式 [式（2-39）] 则不同，虽然在 $n > M$ 以后计算 $y(nT_S)$ 所用到的输入信号也都是 $t=0$ 以后的值，但是它还用到了 $y(nT_S - T_S), y(nT_S - 2T_S), \cdots,$ 这些量的获得却用到了 $t=0$ 以前的输入采样值。理论上，即使 $n \to \infty$，$y(nT_S)$ 也不能完全忘记 $t=0$ 以前的输入状态，因为任意时刻的 $y(nT_S)$ 都用到了 $y(nT_S - T_S)$，而后者又用到了 $y(nT_S - 2T_S)$，如此追溯下去，总可以追到 $t=0$ 以前的状态。因而递归滤波器一般都是 IIR 滤波器。

当然，在实用意义上，IIR 并不意味着无限长的响应时间。例如按指数衰减的曲线，经过其衰减时间常数的 3 倍以后，可以认为实际上已衰减为零，而理论上 $t \to \infty$ 时其极限才是零。递归型滤波器没有直接按单位冲激响应通过卷积和公式来实现滤波器，但是它的单位冲

激响应特性客观存在，而且可以从其频率特性求傅里叶反变换得到。递归型滤波器的可贵之处是可用式（2-39）所示的有限的运算来实现具有无限单位冲激响应的滤波器的频率特性。和非递归型滤波器用截断法实现相比，在达到同样的逼近样本特性的条件下，运算量一般可以小得多。

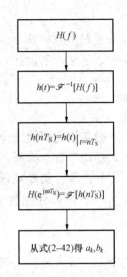

递归型滤波器的设计，就是根据频域的样本确定式（2-39）中的各系数 a_k 和 b_k。常用的设计方法和步骤示于图2-23。

根据频域要求，借用模拟滤波器的综合技术，确定一个分式多项式的频率特性 $H(f)$，将 $H(f)$ 因式分解后再用傅里叶反变换求出 $h(t)$，并对它采样得 $h(nT_S)$，然后求傅里叶变换得到 $H(e^{j\omega T_S})$，其表达式可整理成式（2-42）的形式，从而求得各系数 a_k 和 b_k，这种方法称为冲激响应不变法。意思是所设计的数字滤波器的单位冲激响应是样本模拟滤波器的采样。下面以一个实例来说明递归型滤波器的设计步骤。

图2-23 递归型滤波器
的设计步骤

设已知一个样本模拟滤波器的频率特性

$$H(f) = \frac{1}{a + j\omega} \tag{2-43}$$

这是一个一阶巴特沃思（Butterworth）低通滤波器，其冲激响应为

$$h(t) = e^{-at}u(t) \tag{2-44}$$

式中 $u(t)$ ——阶跃函数。

一阶巴特沃思低通滤波器可以由一个最简单的 RC 电路构成。式（2-43）和式（2-44）中的 $a = \frac{1}{RC}$。图2-24为其电路图，其冲激响应和幅频特性示于图2-25。

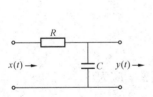

图2-24 RC 低通滤波器电路图

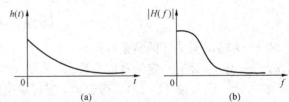

(a)　　　　　　(b)

图2-25 一阶 RC 低通滤波器
的冲激响应及幅频特性
(a) 冲激响应；(b) 幅频特性

由图可见这是一个 IIR 滤波器。对 $h(t)$ 采样得

$$h(nT_S) = \sum_{n=0}^{\infty} e^{-anT_S} \tag{2-45}$$

两边求傅里叶变换，得

$$H(e^{j\omega T_S}) = \sum_{n=0}^{\infty} e^{-anT_S} e^{-j\omega T_S n} = \frac{1}{1 - e^{-aT_S} e^{-j\omega T_S}} \tag{2-46}$$

式（2-46）推导中，应用了等比级数求和公式。将式（2-46）和式（2-42）对比，可见

$$M = 0, a_0 = 1, N = 1, b_1 = e^{-aT_S}$$

将这些数代入式（2-39）得

$$y(nT_\mathrm{S}) = \mathrm{e}^{-aT_\mathrm{S}} y(nT_\mathrm{S} - T_\mathrm{S}) + x(nT_\mathrm{S})$$

和非递归型滤波器一样，在设计过程中，从 $h(t)$ 取得 $h(nT_\mathrm{S})$ 时，如果不满足不产生混叠的条件，那么，所设计的数字滤波器的频率特性将不能完全同样本一样。

2—8　零、极点法设计数字滤波器

数字滤波器的设计方法有很多种，其中，零、极点配置法是较简单的工程应用方法之一，适用于重点抑制、消除某几个频率分量，或突出某几个频率分量。

一、零、极点对频率特性的影响

一个 N 阶线性数字滤波器的通用离散值计算公式可表示为

$$y(n) = \sum_{k=0}^{M} a_k x(n-k) + \sum_{k=1}^{N} b_k y(n-k) \tag{2-47}$$

式中　　$x(n-k)$——输入的采样值；

$y(n-k)$——以前的输出值；

a_k、b_k——滤波器的系数。

通过 Z 变换，得到以多项式表示的 Z 域传递函数为

$$H(Z) = \frac{\sum\limits_{k=0}^{M} a_k Z^{-k}}{1 - \sum\limits_{k=1}^{N} b_k Z^{-k}} \tag{2-48}$$

这个 N 阶的传递函数还可以表示为多项因子乘积的形式

$$H(Z) = A \frac{\prod\limits_{k=1}^{M} (1 - c_k Z^{-1})}{\prod\limits_{k=1}^{N} (1 - d_k Z^{-1})} \tag{2-49}$$

式中　　A——增益，且为正的常系数；

c_k、d_k——与 a_k、b_k 有一定的对应关系。

将 $Z = \mathrm{e}^{\mathrm{j}\omega T_\mathrm{S}}$ 代入式（2-49），得到满足工程应用的频率响应为

$$H(\mathrm{e}^{\mathrm{j}\omega T_\mathrm{S}}) = A \frac{\prod\limits_{k=1}^{M} (1 - c_k \mathrm{e}^{-\mathrm{j}\omega T_\mathrm{S}})}{\prod\limits_{k=1}^{N} (1 - d_k \mathrm{e}^{-\mathrm{j}\omega T_\mathrm{S}})} \tag{2-50}$$

这是一个周期性的函数。该数字滤波器的幅频特性为

$$|H(f)| = |H(\mathrm{e}^{\mathrm{j}\omega T_\mathrm{S}})| = \left| A \frac{\prod\limits_{k=1}^{M} (1 - c_k \mathrm{e}^{-\mathrm{j}\omega T_\mathrm{S}})}{\prod\limits_{k=1}^{N} (1 - d_k \mathrm{e}^{-\mathrm{j}\omega T_\mathrm{S}})} \right|$$

$$= A \frac{\prod\limits_{k=1}^{M} |(1 - c_k \mathrm{e}^{-\mathrm{j}\omega T_\mathrm{S}})|}{\prod\limits_{k=1}^{N} |(1 - d_k \mathrm{e}^{-\mathrm{j}\omega T_\mathrm{S}})|} \tag{2-51}$$

因为设计数字滤波器的过程，就是根据要求的幅频特性和相频特性，设计出式（2-47）或式（2-49）中的 a_k、b_k 或 c_k、d_k 系数，所以由式（2-51）可以得到设计思路。

（1）只要让某个频率分量在幅频特性中表现为输出等于 0 或很小的数值，就达到了滤除或抑制这个频率分量的目的。从式（2-51）中可以看出，只要分子的某个因子等于 0 或接近于 0，就能够达到这个效果，这种方法叫作零点设计法。

（2）只要让某个频率分量在幅频特性中表现为输出较大，就达到了突出这个频率分量的目的。同样，从式（2-51）中可以看出，只要分母的某个因子接近于 0，就能够达到这个效果，这种方法叫作极点设计法。

零点设计法和极点设计法单独或结合使用，可以对数字滤波器的频率响应产生影响。

二、零点设计法

如果希望滤除 f_k 的频率分量，即 $|H(f)|_{F_K}=0$，那么，只要在式（2-51）中，让任一项分子的因子等于 0 即可，所以有

$$|(1-c_k e^{-j\omega T_S})|_{f_K}=0 \tag{2-52}$$

于是，可以求出能够滤除 f_k 频率分量的滤波系数 c_k，得

$$c_k=e^{j\omega T_S}|_{f_K} \tag{2-53}$$

在求出 c_k 系数后，即可得到传递函数 $H(Z)$ 中的一个确定因子 $H_k(Z)=(1-c_k Z^{-1})$。如此类推，可以求出其他的因子。

由于离散值计算公式中的滤波系数必须为实数，因此一般情况下，零点设置应为一对共轭。具体地说，只有当零点出现在实轴上时，才会出现实数的零点，此时才不必将零点设置为共轭对，其余情况均应设置为一对共轭零点。

所以，考虑共轭因子后，传递函数 $H(Z)$ 中的一般因子为

$$\begin{aligned}H_k(Z)&=(1-c_k Z^{-1})(1-\bar{c}_k Z^{-1})\\&=1-2\cos(2\pi f_k T_S)Z^{-1}+Z^{-2}\end{aligned} \tag{2-54}$$

式中　f_k——要滤除的信号频率；

　　　T_S——采样间隔。

对于希望同时滤除多个频率分量的情况，只要按式（2-54）求出每个因子，随后将因子相乘，就得到最终的传递函数。当然，目的达到后，其他的因子可以不必再求了，所以传递函数中的最低阶数 M 是多项因子相乘过程中自然形成的。

如果 $T_S=5/3$ms，那么，就工频信号来说，按照式（2-54）分别得到能滤除直流、基波和各次谐波分量的传递函数的因子，见表 2-4。

表 2-4　　　　　　　　　传递函数因子（$T_S=5/3$ms）

f_k/f_1	$\cos(2\pi f_k T_S)$	$H_k(Z)$	f_k/f_1	$\cos(2\pi f_k T_S)$	$H_k(Z)$
0	1	$1-Z^{-1}$	3	0	$1+Z^{-2}$
1	$\sqrt{3}/2$	$1-\sqrt{3}Z^{-1}+Z^{-2}$	4	$-1/2$	$1+Z^{-1}+Z^{-2}$
2	$1/2$	$1-Z^{-1}+Z^{-2}$	5	$-\sqrt{3}/2$	$1+\sqrt{3}Z^{-1}+Z^{-2}$

【例 2-3】　设 $T_S=5/3$ms（即 $N=12$），用零点设计法设计出能同时滤除 3 次和 5 次谐波分量的数字滤波器传递函数。

解　由于 T_s 与表 2-4 是对应的，所以，得：

（1）滤 3 次的因子　　　　　$H_3(Z) = 1 + Z^{-2}$

（2）滤 5 次的因子　　　　　$H_5(Z) = 1 + \sqrt{3}Z^{-1} + Z^{-2}$

于是，所求的传递函数为

$$H(Z) = H_3(Z)H_5(Z) = (1 + Z^{-2})(1 + \sqrt{3}Z^{-1} + Z^{-2})$$

$$= 1 + \sqrt{3}Z^{-1} + 2Z^{-2} + \sqrt{3}Z^{-3} + Z^{-4} \qquad (2-55)$$

这是一个 4 阶的传递函数，对应式（2-50），取增益 A 和分母均等于 1。

根据 Z 变换的线性特性、时延特性等，得到离散值的计算公式为

$$y(n) = x(n) + \sqrt{3}x(n-1) + 2x(n-2) + \sqrt{3}x(n-3) + x(n-4) \qquad (2-56)$$

其幅频特性如图 2-26 所示。

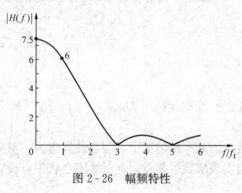

图 2-26　幅频特性

由幅频特性可以看出，这个数字滤波器能够滤除 3 次和 5 次谐波分量，其基波增益为 6。如果进一步要求基波增益等于 1，那么，只要将式（2-56）除以 6 即可，或者说将 $A=1$ 改为 $A = \dfrac{1}{6}$，对应的滤波效果不发生任何变化，只是图 2-26 中幅频特性的幅度均除以 6。

顺便指出，零点设计法侧重于滤除特定的频率成分，并未考虑到其他有用频率信号的增益。本章 2-1 节的式（2-2）就是采用零点设计法设计出来的。

三、极点设计法

如果希望突出 f_k 的频率分量，那么，只要在式（2-50）中，让任一项分母的因子接近于 0 即可，但不能等于 0，否则会出现 f_k 时的增益为 ∞，进而产生溢出。因此有

$$\left| (1 - d_k e^{-j\omega T_s}) \right|_{f_K} = \delta > 0 \qquad (2-57)$$

为了突出 f_k 频率分量，且不产生溢出，通常取滤波系数 d_k 为

$$d_k = p e^{j\omega T_s} \big|_{f_K} \quad (0 < p < 1) \qquad (2-58)$$

同样，一般情况下，极点设置也应为一对共轭。于是，传递函数 $H(Z)$ 中的分母因子为

$$H_k(Z) = (1 - d_k Z^{-1})(1 - \bar{d}_k Z^{-1})$$

$$= 1 - 2p\cos(2\pi f_k T_s)Z^{-1} + p^2 Z^{-2} \qquad (2-59)$$

式中　f_k——要突出的信号频率；

　　　T_s——采样间隔；

　　　p——极点的模值。

式（2-59）中，还有一个参数 p 未确定。一般地说，p 越接近于 1，数字滤波器在极点频率处的输出越大，滤波效果越好，但输出达到稳定的时间越长；反之，p 越接近于 0，输出达到稳定的时间越短，但数字滤波器在极点频率处的滤波效果越不明显。因此，实际设计中，应综合考虑滤波效果和时延等因素，并经离线计算，才能选择较为合适的 p 值。

极点设计为基频时，参数 p 对幅频特性的影响如图 2-27 所示。

下面以式（2-2）为例，说明如何由数字滤波器已知的离散值计算公式或 Z 变换的传递函数，求取数字滤波器的幅频特性和相频特性，以了解已设计数字滤波器的频率特性。

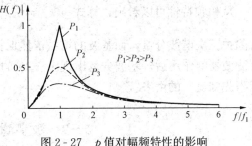

图 2-27 p 值对幅频特性的影响

离散值计算公式为

$$y(k) = \frac{1}{\sqrt{3}}[x(k) + x(k-2)]$$

经 Z 变换后，得到 Z 域的表达式为

$$Y(Z) = \frac{1}{\sqrt{3}}[X(Z) + X(Z) \cdot Z^{-2}]$$

变换中，应用到 Z 变换的基本特性，如线性特性、延时特性等。于是，上式的 Z 域传递函数为

$$H(Z) = \frac{Y(Z)}{X(Z)} = \frac{1}{\sqrt{3}}(1 + Z^{-2}) \tag{2-60}$$

此时，将 Z 算符的原始定义 $Z = e^{j\omega T_s}$，代入式（2-60），即可得到满足工程应用的频域传递函数

$$H(f) = \frac{1}{\sqrt{3}}(1 + e^{-j2\omega T_s}) = \frac{1}{\sqrt{3}}\{[1 + \cos(2 \times 2\pi f T_s)] - j\sin(2 \times 2\pi f T_s)\} \tag{2-61}$$

这样，就可以将原先设计的采样间隔 T_s（本例 $T_s = 5/3$ms）代入上式的频域传递函数中，得到一个只有频率 f 为变量的函数。于是，取不同的 f 值，就可得到表2-5所示的参数。

由表2-5可以画出所采用数字滤波器的幅频特性和相频特性，分别如图2-28和图2-29所示，图中 $f_1 = 50$Hz。

表 2-5 频 率 特 性 的 计 算 值

f（Hz）	0	50	100	150	200	250	300	…
$H(f)$	1.155	0.866−j0.5	0.289−j0.5	0	0.289+j0.5	0.866+j0.5	1.155	…
$\lvert H(f) \rvert$	1.155	1	0.578	0	0.578	1	1.155	…
$\Phi(f)$	0°	−30°	−60°	无	60°	30°	0°	…

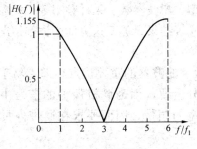

图 2-28 幅频特性

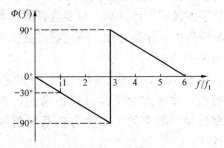

图 2-29 相频特性

从幅频特性可以看出，算式 $y(k)=\dfrac{1}{\sqrt{3}}\big[x(k)+x(k-2)\big]$ 对应的数字滤波器，完全可以滤除掉三次谐波分量，而基波的增益依然保持为 1。同样，从相频特性可以知道，经过该数字滤波器的作用后，基波分量出现了 $-30°$ 的固定相移，这就是 ［例 2-1］ 中提到"相移可以事先知道"的由来。

2—9　数字滤波器型式的选择

递归型和非递归型两种型式的数字滤波器，各有优缺点，选择哪一种型式，在很大程度上决定于应用场合对滤波器的要求。仅就微机保护的应用范围来说，不同的保护原理、不同的算法、不同的软件安排等都会对滤波器有不同的选择。这里只能提供一些应当考虑的因素。

总的来说，继电保护是实时系统，要求保护能够快速对被保护对象的故障作出响应。就这一点来说，用非递归型数字滤波器好。因为它是有限冲激响应的，而且它的设计比较灵活，易于在频率特性和冲激响应之间，也就是滤波效果和响应时间之间作出权衡。但是另一方面，继电保护是实时数据处理系统，数据采集系统按照采样速率源源不断地向微机输入数据，处理的速度必须要能跟上这个实时节拍，否则将造成数据积压，无法工作。就这一点来说，用递归型数字滤波器较好，因为它的运算量要小得多。有些保护要求连续不断地计算和监视各种电气量，考虑到电力系统是一个三相系统，要计算的量很多，用非递归滤波器可能在两个相邻采样间隔内完不成必须完成的工作。还有一个应该考虑的问题是，许多复杂保护装置由于种种原因，都设有启动元件。例如距离保护设有振荡闭锁启动元件，距离Ⅰ段的测量元件只在启动元件动作后才允许投入工作。这样，微机距离保护的阻抗计算可以在启动元件动作后才开始，这时采用非递归型数字滤波器又显出了其优点，因为它不需要历史资料，可以在启动元件动作后，取用故障后的数据进行计算，并且也可以不要求在一个采样间隔内完成一次阻抗计算。如果用递归滤波器，即使正常时不要求阻抗计算，滤波器也必须对所有的量进行不间断的滤波运算，否则一旦启动元件启动，无法取得式（2-39）要求的 $y(nT_{\mathrm{S}}-T_{\mathrm{S}}),y(nT_{\mathrm{S}}-2T_{\mathrm{S}})$ 等。

应该说，数字信号处理器 DSP 技术的出现，为数字滤波器的实现提供了更快速计算的手段。另外，现在已有许多软件能够提供多种多样的分析与计算功能，包括可以在可视化的情况下，帮助设计者完成数字滤波器的设计工作。图 2-30 为 MATLAB（Matrix Laboratory）软件的数字滤波器设计界面，只要选择滤波器的类型、滤波参数、采样频率等相关参数，即可看到幅频特性、相频特性、滤波器系数、冲激响应等结果。关于这方面的详细情况，读者可参阅相关资料[43]。

最后顺便指出，有些资料中提到的非递归型数字滤波器的重要优点，即它易于制作线性相位特性，这一点对于微机保护来说，并不十分重要，因为微机保护的信号中，有用信息常常是单一频率的，不像有些系统要占据很宽的频带，因而要求在通带内具有线性相位特性。

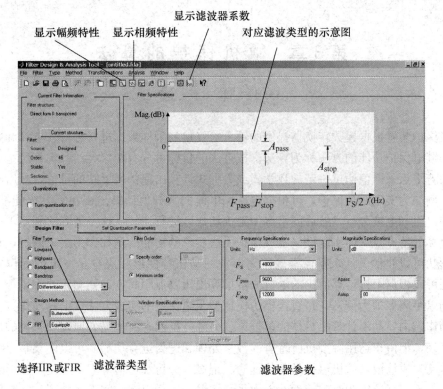

图 2 - 30　MATLAB 设计滤波器的界面

第 3 章 微机保护的算法

3—1 概　　述

微机保护装置根据模数转换器提供的输入电气量的采样数据进行分析、运算和判断，以实现各种继电保护功能的方法称为算法。按算法的目标可分有两大类。一类算法是根据输入电气量的若干点采样值通过一定的数学式或方程式计算出保护所反映的量值，然后与定值进行比较。例如为实现距离保护，可根据电压和电流的采样值计算出视在复阻抗的模和幅角，或阻抗的电阻和电抗分量，然后同给定的阻抗动作区进行比较。这一类算法利用了微机能进行数值计算的特点，从而实现许多常规保护无法实现的功能。例如作为距离保护，它的动作特性的形状可以非常灵活，不像常规距离保护的动作特性形状决定于一定的动作方程。此外，它还可以根据阻抗计算值中的电抗分量推算出短路点距离，起到测距的作用等。另一类算法，仍以距离保护为例，它是直接模仿模拟型距离保护的实现方法，根据动作方程来判断是否在动作区内，而不计算出具体的阻抗值。另外，虽然它所依循的原理和常规的模拟型保护同出一宗，但由于运用微型机所特有的数学处理和逻辑运算功能，可以使某些保护的性能有明显提高。应该说，微机保护具备的计算、记忆、分析和通信等多种功能，加上成套化的设计方法，不仅可以纵观时间前后的电力系统情况，还可以在空间上横向了解本装置的全部模拟量，以及通过通信手段获取其他变电站的信息，使得微机保护比模拟型保护做得更好、更加完善、性能更为优良。这方面的例子如本章下面将介绍的获取故障分量、不同工况的选相方法、高阻接地的处理、按相补偿等。

本书将以第一类算法为主进行讨论。在掌握了第一类算法后，领会第二类算法的问题也就迎刃而解了。实际上，目前微型机的计算能力和计算速度已经将这两类算法因计算量的差别影响降低到很小的程度。

继电保护的种类很多，按保护对象分有元件保护、线路保护等；按保护原理分有差动保护、距离保护和电压、电流保护等。然而，不管哪一类保护的算法，其核心问题归根结底不外乎是算出可表征被保护对象运行特点的物理量，如电压、电流等的有效值和相位以及视在阻抗等，或者算出它们的序分量、基波分量、某次谐波分量的大小和相位等。有了这些基本电气量的计算值，就可以很容易地构成各种不同原理的保护。基本上可以说，只要找出任何能够区分正常与短路的特征量，微机保护就可以予以实现。本章将着重讨论基本电气量的算法。

目前已提出的算法有很多种。分析和评价各种不同的算法优劣的标准是精确度和速度。速度又包括两个方面：一是算法所要求的采样点数（或称数据窗长度）；二是算法的运算工作量。精确度和速度又总是矛盾的。若要计算精确，则往往要利用更多的采样点和进行更多的计算工作量。所以研究算法的实质是如何在速度和精确度两方面进行权衡。还应当指出，有些算法本身具有数字滤波的功能，有些算法则需配以数字滤波器一起工作。因此评价算法时还要考虑它对数字滤波的要求。

应该说明，为了突出重点，使分析过程更简单、清晰，因此在分析算法时，将电压、电

流变换回路和 A/D 转换等环节的传变系数综合起来，当作 1 来对待，而在实际应用中必须考虑到这些环节的传变系数的影响。

3—2 假定输入为正弦量的算法

假定输入为正弦量的算法是基于提供给算法的原始数据为纯正弦量的理想采样值，以电流为例，可表示为

$$i(nT_S) = \sqrt{2}I\sin(\omega nT_S + \alpha_{0I}) \tag{3-1}$$

式中 ω——角频率；

$\quad I$——电流有效值；

$\quad T_S$——采样间隔；

$\quad \alpha_{0I}$——$n = 0$ 时的电流相角。

实际上，故障后的电流、电压中都含有各种暂态分量，而且如第一章指出的，数据采集系统还会引入各种误差，所以这一类算法要获得精确的结果，必需和数字滤波器配合使用。也就是说式（3-1）中的 $i(nT_S)$ 应当是数字滤波器的输出 $y(nT_S)$，而不是直接应用模数转换器提供的原始采样值。

一、两点乘积算法

以电流为例，设 i_1 和 i_2 分别为两个电气角度相隔为 $\pi/2$ 的采样时刻 n_1 和 n_2 的采样值（如图3-1所示），即

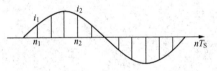

图 3 - 1 两点乘积算法采样示意图

$$\omega(n_2T_S - n_1T_S) = \frac{\pi}{2} \tag{3-2}$$

根据式（3-1）有

$$i_1 = i(n_1T_S) = \sqrt{2}I\sin(\omega n_1T_S + \alpha_{0I}) = \sqrt{2}I\sin\alpha_{1I} \tag{3-3}$$

$$i_2 = i(n_2T_S) = \sqrt{2}I\sin\left(\omega n_1T_S + \alpha_{0I} + \frac{\pi}{2}\right)$$

$$= \sqrt{2}I\sin\left(\alpha_{1I} + \frac{\pi}{2}\right) = \sqrt{2}I\cos\alpha_{1I} \tag{3-4}$$

$$\alpha_{1I} = \omega n_1T_S + \alpha_{0I}$$

式中 α_{1I}——n_1 采样时刻电流的相角，可能为任意值。

将式（3-3）和式（3-4）平方后相加，即得

$$2I^2 = i_1^2 + i_2^2 \tag{3-5}$$

再将式（3-3）和式（3-4）相除，得

$$\tan\alpha_{1I} = \frac{i_1}{i_2} \tag{3-6}$$

式（3-5）和式（3-6）表明，只要知道正弦量任意两个电气角度相隔 $\pi/2$ 的瞬时值，就可以计算出该正弦量的有效值和相位。

如欲构成距离保护，只要同时测出 n_1 和 n_2 时刻的电流和电压 u_1、i_1 和 u_2、i_2，类似采用式（3-5）、式（3-6），就可求得电压的有效值 U 及在 n_1 时刻的相角 α_{1U}，即

$$2U^2 = u_1^2 + u_2^2 \tag{3-7}$$

$$\tan\alpha_{1U} = \frac{u_1}{u_2} \tag{3-8}$$

从而可求出视在阻抗的模值 Z 和幅角 α_Z 为

$$Z = \frac{U}{I} = \sqrt{\frac{u_1^2 + u_2^2}{i_1^2 + i_2^2}} \tag{3-9}$$

$$\alpha_Z = \alpha_{1U} - \alpha_{1I} = \tan^{-1}\left(\frac{u_1}{u_2}\right) - \tan^{-1}\left(\frac{i_1}{i_2}\right) \tag{3-10}$$

式（3-10）中要用到反三角函数。实用上，更方便的算法是求出视在阻抗的电阻分量 R 和电抗分量 X 即可。

将电流和电压写成复数形式

$$\dot{U} = U\cos\alpha_{1U} + jU\sin\alpha_{1U}$$

$$\dot{I} = I\cos\alpha_{1I} + jI\sin\alpha_{1I}$$

参照式（3-3）和式（3-4），有

$$\dot{U} = \frac{1}{\sqrt{2}}(u_2 + ju_1)$$

$$\dot{I} = \frac{1}{\sqrt{2}}(i_2 + ji_1)$$

于是

$$\frac{\dot{U}}{\dot{I}} = \frac{u_2 + ju_1}{i_2 + ji_1} \tag{3-11}$$

将式（3-11）的实部和虚部分开，其实部即为 R，虚部则为 X，所以

$$X = \frac{u_1 i_2 - u_2 i_1}{i_1^2 + i_2^2} \tag{3-12}$$

$$R = \frac{u_1 i_1 + u_2 i_2}{i_1^2 + i_2^2} \tag{3-13}$$

由于式（3-12）和式（3-13）中用到了两个采样值的乘积，所以称为两点乘积法。

上述两点乘积法用到了两个电气角度相隔 $\frac{\pi}{2}$ 的采样值，因而算法本身所需的数据窗长度为 1/4 周期，对 50Hz 的工频来说为 5ms。实际上，两点乘积算法从原理上并不是必须用电气角度相隔 $\frac{\pi}{2}$ 的两个采样值。可以证明，用正弦量任何两点相邻的采样值都可算出有效值和相角[15]，即可以使乘积法本身所需要的数据窗仅为很短的一个采样间隔。不过由于算式较复杂，有可能使算法所需运算时间的加长与采样间隔的缩短发生矛盾，因而限制了这种算法的广泛应用。然而，如果对乘积法采取特殊措施，如采用 DSP 器件，则这种算法的应用会获得很大的改善。

这种算法本身对采样频率无特殊要求，但是由于这种算法应用于有暂态分量的输入电气量时，必须先经过数字滤波，因而采样率的选择要由所选用的数字滤波器来确定。如第 2 章所述，合理地选择采样频率可使数字滤波器的运算量大大降低。

二、导数法

导数法只需知道输入正弦量在某一时刻 t_1 的采样值及该时刻对应的导数，即可算出有

效值和相位。仍以电流为例，设 i_1 为 t_1 时刻的电流瞬时值，表达式为

$$i_1 = \sqrt{2}I\sin(\omega t_1 + \alpha_{0\mathrm{I}}) = \sqrt{2}I\sin\alpha_{1\mathrm{I}} \tag{3-14}$$

则 t_1 时刻电流的导数为

$$i'_1 = \omega\sqrt{2}I\cos\alpha_{0\mathrm{I}}$$

也可写成

$$\frac{i'_1}{\omega} = \sqrt{2}I\cos\alpha_{1\mathrm{I}} \tag{3-15}$$

将式（3-14）、式（3-15）和式（3-3）、式（3-4）对比，可见式（3-15）中的 $\dfrac{i'_1}{\omega}$ 与式（3-4）中的 i_2 的表达式相同，因此可以用 $\dfrac{i'_1}{\omega}$ 代替式（3-4）中的 i_2，立即写出

$$2I^2 = i_1^2 + \left(\frac{i'_1}{\omega}\right)^2 \tag{3-16}$$

$$\tan\alpha_{1\mathrm{I}} = \frac{i_1}{i'_1}\omega \tag{3-17}$$

$$X = \frac{u_1\dfrac{i'_1}{\omega} - \dfrac{u'_1}{\omega}i_1}{i_1^2 + \left(\dfrac{i'_1}{\omega}\right)^2} \tag{3-18}$$

$$R = \frac{u_1 i_1 + \dfrac{u'_1}{\omega}\cdot\dfrac{i'_1}{\omega}}{i_1^2 + \left(\dfrac{i'_1}{\omega}\right)^2} \tag{3-19}$$

为求导数，可取 t_1 为两个相邻采样时刻 n 和 $n+1$ 的中点（如图3-2所示），然后用差分近似求导，则有

$$i'_1 = \frac{1}{T_\mathrm{S}}(i_{n+1} - i_n), u'_1 = \frac{1}{T_\mathrm{S}}(u_{n+1} - u_n)$$

而 t_1 时刻的电流、电压瞬时值则用平均值代替，有

$$i_1 = \frac{1}{2}(i_{n+1} + i_n), u_1 = \frac{1}{2}(u_{n+1} + u_n)$$

可见导数法需要的数据窗较短，仅为一个采样间隔，且算式和乘积法相似，也不复杂。但是由于它要用到导数，这将带来两个问题：一是要求数字滤波器有良好的滤去高频分量的能力，因为求导数将放大高频分量；二是由于用差分近似求导，要求有较高的采样率，因为从图3-3可见，t_1 时刻的导数应当是直线 mn 的斜率，而用差分近似求得的导数则为直线 ab 的斜率。

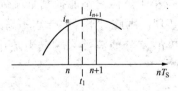

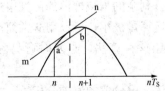

图3-2 导数算法采样示意图　　　图3-3 用差分近似求导示意图

分析指出，对于50Hz的正弦量来说，只要采样率高于1000Hz，则差分近似求导引入的误差远小于1%，是可以忽略的。

三、半周积分算法

半周积分算法的依据是一个正弦量在任意半个周期内绝对值的积分为一常数 S，即

$$S = \int_0^{\frac{T}{2}} \sqrt{2}I \mid \sin(\omega t + a) \mid dt$$

$$= \int_0^{\frac{T}{2}} \sqrt{2}I \sin \omega t \, dt = \frac{2\sqrt{2}}{\omega}I \tag{3-20}$$

积分值 S 与积分起始点的初相角 α 无关，因为画有断面线的两块面积显然是相等的，如图 3-4 所示。式（3-20）的积分可以用梯形法则近似求出

$$S \approx \left[\frac{1}{2} \mid i_0 \mid + \sum_{k=1}^{\frac{N}{2}-1} \mid i_k \mid + \frac{1}{2} \mid i_{\frac{N}{2}} \mid \right] T_S \tag{3-21}$$

式中　i_k——第 k 次采样值；

　　　N——一周期的采样点数；

　　　i_0——$k=0$ 时的采样值；

　　　$i_{\frac{N}{2}}$——$k=\frac{N}{2}$ 时的采样值；

　　　T_S——采样间隔。

如图 3-5 所示，只要采样率足够高，用梯形法则近似积分的误差可以做到很小。

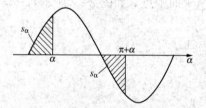
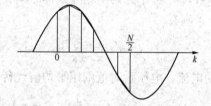

图 3-4　半周积分法原理示意图　　　图 3-5　用梯形法近似半周积分示意图

求出 S 值后，应用式（3-20）即可求得有效值 $I = S \times \frac{\omega}{2\sqrt{2}}$。

半周积分法需要的数据窗长度为10ms，显然较长。但它本身有一定的滤除高频分量的能力，因为叠加在基频成分上的幅度不大的高频分量，在半个周期积分中其对称的正负部分可以互相抵消，剩余的未被抵消的部分占的比重就减小了。但它不能抑制直流分量。另外，由于这种算法运算量极小，可以用非常简单的硬件实现。因此对于一些要求不高的电流、电压保护可以采用这种算法，必要时可另配一个简单的差分滤波器来抑制电流中的非周期分量。

四、平均值、差分值的误差分析

在实际应用的数值计算中，经常会遇到通过采样值求瞬时值、微分值和积分值的情况。工程上常用的方法是用平均值近似代替瞬时值，用差分近似代替微分，用梯形法则近似求积

分。这些近似计算的误差要视具体的信号才能确定。但是，当输入为纯正弦信号时，用平均值可以求出准确的瞬时值，用差分值也可以求出准确的微分值。下面予以具体推导。

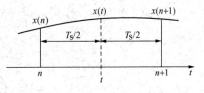

图 3 - 6 误差分析示意图

设信号的表达式为

$$x(t) = X_m \sin(\omega t + \alpha) \qquad (3 - 22)$$

经采样后，得到了包含 $x(n)$ 和 $x(n+1)$ 的两个采样值（注意，这只是两个数值），其中 t 时刻位于 n 和 $(n+1)$ 采样时刻的中间，如图 3-6 所示。

虽然 $x(n)$ 和 $x(n+1)$ 只是两个数值，但在正弦信号情况下，它们的表达式分别为

$$\left. \begin{aligned} x(n) &= X_m \sin[\omega(t - T_S/2) + \alpha] \\ x(n+1) &= X_m \sin[\omega(t + T_S/2) + \alpha] \end{aligned} \right\}$$

于是，有如下分析结果。

1. 由平均值求瞬时值

由平均值求瞬时值，则有

$$
\begin{aligned}
\frac{x(n) + x(n+1)}{2} &= \frac{1}{2}\{X_m \sin[\omega(t - T_S/2) + \alpha] + X_m \sin[\omega(t + T_S/2) + \alpha]\} \\
&= [X_m \sin(\omega t + \alpha)]\cos\left(\frac{\omega T_S}{2}\right) \\
&= x(t)\cos\left(\frac{\omega T_S}{2}\right) \qquad (3 - 23)
\end{aligned}
$$

由此可以看出，平均值 $\dfrac{x(n) + x(n+1)}{2}$ 与瞬时值 $x(t)$ 二者之间仅相差一个系数 $\cos\left(\dfrac{\omega T_S}{2}\right)$。这是一个与时刻 t 和初相角 α 无关的系数，仅与角频率 ω 和采样间隔 T_S 有关。而对于单一的正弦信号来说，ω 和 T_S 又都是已知的参数，所以，该误差成为一个已知的、固定的常系数，于是，可以进行无误差地修正。

因此，通过式（3 - 23）可知，对于单一的纯正弦信号，可以由平均值求出准确的瞬时值。具体计算公式为

$$x(t) = \frac{1}{\cos(\omega T_S/2)} \cdot \frac{x(n) + x(n+1)}{2} = K_P[x(n) + x(n+1)] \qquad (3 - 24)$$

式中　$K_P = \dfrac{1}{2\cos(\omega T_S/2)}$ 为常数。

该公式还可以用于显示、打印时的插值计算，以便使波形更连续、平滑；也可应用于压缩存储那些不参与计算的数据，随后通过该公式予以恢复，当然，压缩存储和恢复之间仍应满足采样定理。

2. 由差分值求微分值

因有　　　　　　　　　　$$x(t) = X_m \sin(\omega t + \alpha)$$

则可得　　　　　　　　　　$$\frac{\mathrm{d}x(t)}{\mathrm{d}t} = \omega X_m \cos(\omega t + \alpha)$$

于是由差分值求微分值有

$$\frac{1}{T_{\mathrm{s}}}[x(n+1)-x(n)]=\frac{1}{T_{\mathrm{s}}}\{X_{\mathrm{m}}\sin[\omega(t+T_{\mathrm{s}}/2)+\alpha]-X_{\mathrm{m}}\sin[\omega(t-T_{\mathrm{s}}/2)+\alpha]\}$$

$$=\frac{2}{T_{\mathrm{s}}}X_{\mathrm{m}}\cos(\omega t+\alpha)\sin\left(\frac{\omega T_{\mathrm{s}}}{2}\right)$$

$$=\frac{2}{\omega T_{\mathrm{s}}}[\omega X_{\mathrm{m}}\cos(\omega t+\alpha)]\sin\left(\frac{\omega T_{\mathrm{s}}}{2}\right)$$

$$=\left[\frac{2}{\omega T_{\mathrm{s}}}\sin\left(\frac{\omega T_{\mathrm{s}}}{2}\right)\right]\frac{\mathrm{d}x(t)}{\mathrm{d}t} \tag{3-25}$$

显然，差分值 $\frac{1}{T_{\mathrm{s}}}[x(n+1)-x(n)]$ 与微分值 $\frac{\mathrm{d}x(t)}{\mathrm{d}t}$ 二者之间也仅相差一个系数 $\frac{2}{\omega T_{\mathrm{s}}}\sin\left(\frac{\omega T_{\mathrm{s}}}{2}\right)$。这同样是一个与时刻 t、初相角 α 无关的系数，仅与角频率 ω 和采样间隔 T_{s} 有关。所以，该误差也成为一个已知的、固定的常系数，于是，可以进行无误差地修正。

对于单一的纯正弦信号，由式（3-25）可得，用差分值求准确微分值的具体计算公式为

$$\frac{\mathrm{d}x(t)}{\mathrm{d}t}=\frac{\omega}{2\sin\left(\frac{\omega T_{\mathrm{s}}}{2}\right)}\cdot[x(n+1)-x(n)]$$

$$=K_{\mathrm{C}}[x(n+1)-x(n)] \tag{3-26}$$

式中　$K_{\mathrm{C}}=\dfrac{\omega}{2\sin\left(\frac{\omega T_{\mathrm{s}}}{2}\right)}$ 为常数。当 ωT_{s} 足够小时，$\sin\left(\dfrac{\omega T_{\mathrm{s}}}{2}\right)$ 越来越接近于 $\dfrac{\omega T_{\mathrm{s}}}{2}$，于是，$K_{\mathrm{C}}$ 也就越来越接近于 $\dfrac{1}{T_{\mathrm{s}}}$。

3—3　突变量电流算法

一、原理

线路发生故障时，短路示意图如图 3-7 所示。对于系统结构不发生变化的线性系统，利用叠加原理可以得到如图 3-8 所示的两个分解图。

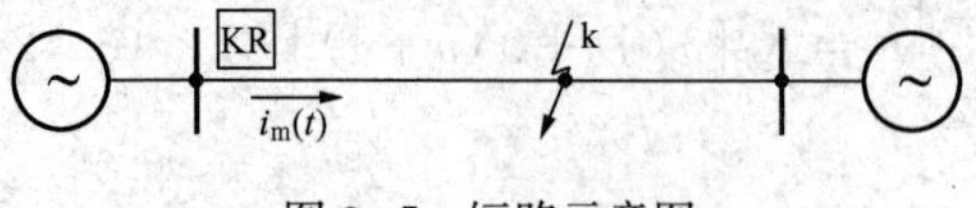

图 3-7　短路示意图
$i_{\mathrm{m}}(t)$—故障后的测量电流

由叠加原理可得

$$i_{\mathrm{m}}(t)=i_{\mathrm{L}}(t)+i_{\mathrm{k}}(t) \tag{3-27}$$

则故障电流分量为

$$i_{\mathrm{k}}(t)=i_{\mathrm{m}}(t)-i_{\mathrm{L}}(t) \tag{3-28}$$

对于正弦信号而言，在时间上间隔整周的两个瞬时值，其大小是相等的，即

$$i_{\mathrm{L}}(t)=i_{\mathrm{L}}(t-T)$$

式中　$i_{\mathrm{L}}(t)$ ——t 时刻的负荷电流；

$i_{\mathrm{L}}(t-T)$ ——比 t 时刻提前一个周期的负荷电流；

T——工频信号的周期。

故故障分量的计算式转化为

$$i_k(t) = i_m(t) - i_L(t - T) \qquad (3 - 29)$$

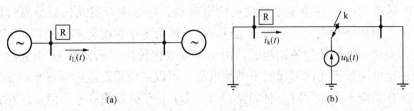

图 3 - 8　短路分解图

(a) 正常运行状态；(b) 短路附加状态

$i_L(t)$—负荷电流；$i_k(t)$—故障电流分量

由于 $i_L(t)$ 是连续测量的，所以，在非故障阶段，测量电流就等于负荷电流，即

$$i_L(t - T) = i_m(t - T) \qquad (3 - 30)$$

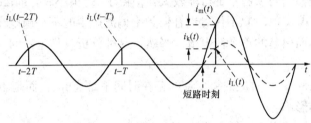

图 3 - 9　短路前后的电流波形示意图

对于式（3 - 30）的理解，还可以参考图 3 - 9。图中，虚线的波形为负荷电流的延续。

于是，故障电流分量的计算式演变为

$$i_k(t) = i_m(t) - i_m(t - T) \qquad (3 - 31)$$

式中　$i_m(t)$、$i_m(t - T)$——均为可以测量的电流。

将式（3 - 31）转换为采样值计算公式得

$$\Delta i_k = i_k - i_{k-N} \qquad (3 - 32)$$

式中　Δi_k——故障分量 $i_k(t)$ 在 k 采样时刻（$t = kT_S$）的计算值（由于采样间隔 T_S 基本固定，因此可以省略 T_S 符号，下同）；

　　　i_k——$i_k(t)$ 在 k 时刻的测量电流采样值；

　　i_{k-N}——k 时刻之前一周期的电流采样值（N 是一个工频周期的采样点数）。

由上述分析和推导可以知道：

1）系统正常运行时，式（3 - 32）计算出来的值等于 0；

2）当系统刚发生故障的一周内，用式（3 - 32）求出的是纯故障分量。

式（3 - 32）是通过分析故障分量而推导出来的，但在断路器断开时（如切负荷、跳闸等），也可能算出数量值（视负荷电流的大小而定），因此，式（3 - 32）实际上是电流有变化时，就有计算值"输出"。综合短路和断路器断开两种情况，不再单纯地称式（3 - 32）中的 Δi_k 为"故障分量"，而称为"突变量"。

从图 3 - 9 可以看出，当系统在正常运行时，负荷电流是稳定的，或者说负荷虽时有变化，但不会在一个工频周期这样短的时间内突然变化很大，因此这时 i_k 和 i_{k-N} 应当接近相等。如果在某一时刻发生短路，则故障电流突然增大，将出现突变量电流。突变量计算法式（3-32）存在的一个问题是电网频率偏离 50Hz 时，会产生一定的不平衡电流，因为 i_k 和 i_{k-N} 的采样时刻差 20ms。这决定于微型机的定时器，它是由石英晶体振荡器控制的，十分精确和稳定。电网频率变化后，i_k 和 i_{k-N} 对应电流波形的电角度将不再同相，而有一个差值 $\Delta\theta$，特别是当故障落在电流过零附近时，由于电流变化较快，不大的 $\Delta\theta$ 引起的不平衡电流较大。为了补偿电网频率变化引起的不平衡电流，可以采用跟踪电网频率来调整采样间隔的方法，该方法在系统正常运行时，对测量 U、I、P、Q、f 有很好的效果，但是，在系统发生振荡等情况下，会对保护的测量产生不利的影响，在此，不对这种方法进行叙述；也可以采用下式取得突变量电流，减小频率变化的影响，即

$$\Delta i_k = \parallel i_k - i_{k-N} \mid - \mid i_{k-N} - i_{k-2N} \parallel \qquad (3-33)$$

如果由于频率偏离，造成 i_k 和 i_{k-N} 之间有一个相角差 $\Delta\theta$，则 i_{k-N} 和 i_{k-2N} 之间的相角差也应当基本相同，因而式（3-33）右侧两项可以得到部分抵消。特别是当计算的故障时刻处在电流过零附近时，这两项各自都可能较大，但由于 $\Delta\theta$ 很小时，$\sin\Delta\theta \approx \Delta\theta$，所以这两项将几乎完全抵消。用式（3-33）不仅可以补偿频率偏离产生的不平衡电流，还可以减弱由于系统静态稳定被破坏而引起的不平衡电流。当然，这种分析只是定性的，详细的分析见下一部分内容。

顺便指出，式（3-33）对应的突变量的存在时间不是 20ms，而是 40ms。

二、频率变化的影响

在一个工频周期的采样点数固定为 N 的情况下，如果电网实际频率偏离了工频 50Hz 频率，那么式（3-33）受频率偏离影响的情况将在下面予以详细分析。分析中，假设系统是正常运行，且电流为正弦信号。

以 A 相电流为例，设 $i_a(t) = I_m \sin(\omega t + \alpha)$，有

$$\Delta i_a(t) = \parallel i_a(t) - i_a(t-T) \mid - \mid i_a(t-T) - i_a(t-2T) \parallel$$
$$= \parallel I_m \sin(\omega t + \alpha) - I_m \sin[\omega(t-T) + \alpha] \mid$$
$$\quad - \mid I_m \sin[\omega(t-T) + \alpha] - I_m \sin[\omega(t-2T) + \alpha] \parallel$$
$$= 2I_m \parallel \sin\frac{\omega T}{2} \cos\left(\omega t + \alpha - \frac{\omega T}{2}\right) \mid - \mid \sin\frac{\omega T}{2} \cos\left(\omega t + \alpha - \frac{3\omega T}{2}\right) \parallel$$
$$= 2I_m \left|\sin\frac{\omega T}{2}\right| \cdot \parallel \cos\left(\omega t + \alpha - \frac{\omega T}{2}\right) \mid - \mid \cos\left(\omega t + \alpha - \frac{3\omega T}{2}\right) \parallel \qquad (3-34)$$

式（3-34）中，$2I_m \left|\sin\dfrac{\omega T}{2}\right|$ 项不随时间 t 变化，如果考虑频率变化仅为十几赫兹以内，那么，以时间 t 为变量，Δi_a 为最大的条件是 $\cos\left(\omega t + \alpha - \dfrac{\omega T}{2}\right) = 0$ 或 $\cos\left(\omega t + \alpha - \dfrac{3\omega T}{2}\right) = 0$，二者的结果是一致的。以 $\cos\left(\omega t + \alpha - \dfrac{\omega T}{2}\right) = 0$ 为条件，有

$$\omega t + \alpha - \frac{\omega T}{2} = \frac{\pi}{2}(\pm 2k + 1)$$

因此
$$\omega t + \alpha - \frac{3\omega T}{2} = \frac{\pi}{2}(\pm 2k + 1) - \omega T \quad (k = 0,1,2,3,\cdots) \qquad (3-35)$$

于是，得

$$\Delta i_{a}(t) = 2I_{m} \left| \sin \frac{\omega T}{2} \right| \cdot \left| \left| \cos\left(\omega t + \alpha - \frac{\omega T}{2}\right) \right| - \left| \cos\left(\omega t + \alpha - \frac{3\omega T}{2}\right) \right| \right|$$

$$\leqslant 2I_{m} \left| \sin \frac{\omega T}{2} \right| \cdot \left| \cos\left(\omega t + \alpha - \frac{3\omega T}{2}\right) \right| \tag{3-36}$$

将式（3-35）代入式（3-36）得

$$\Delta i_{amax}(t) = 2I_{m} \left| \sin \frac{\omega T}{2} \right| \cdot \left| \cos\left[\frac{\pi}{2}(\pm 2k+1) - \omega T \right] \right|$$

$$= 2I_{m} \left| \sin\left(\frac{\omega T}{2}\right) \sin(\omega T) \right| \tag{3-37}$$

这就是式（3-33）受频率波动时的"最大不平衡"输出公式。

表 3-1　　　　　　　　　两种突变量算法的最大相对误差

f (Hz) 最大相对误差 $\dfrac{\Delta i_{amax}(t)}{I_m} \times 100\%$	48	49	49.5	50	50.5	51	52
式（3-32）的误差（%）	25.07	12.56	6.28	0	6.28	12.56	25.07
式（3-33）的误差（%）	6.23	1.58	0.39	0	0.39	1.58	6.23

表 3-1 列出了频率在 48~52Hz 内波动时，式（3-32）与式（3-33）的最大相对误差，这个误差也反映了二者的最大不平衡输出。显然，采用式（3-33）后，大大减小了频率波动的影响。

式（3-33）突变量电流的最大相对误差（对应最大不平衡输出）曲线如图 3-10 所示。

综合上述分析可以看出，频率波动时，采用式（3-33）的最大不平衡输出 Δi_{amax} 数值很小，保证了频率 f 波动的影响降低到很小的程度。如 $f=49.5$Hz 或 $f=50.5$Hz 时，$\Delta i_{amax} = 0.39\% I_{m}$。

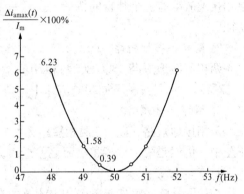

图 3-10　频率波动的最大不平衡输出

3—4　选 相 方 法

常规的整流型或晶体管型距离保护装置，为了反映各种不同的故障类型和相别，需要设置不同的阻抗测量元件，接入不同的交流电压和电流。这些阻抗元件都是并行工作的，它们同时在测量着各自分管的故障类型的阻抗，因此，在选相跳闸时，还要配合专门的选相元件。在用微型机构成继电保护的功能时，为了能够实现选相跳闸，同时防止非故障相的影响，一般都要设置一个故障类型、故障相别的判别程序。

选相方法既可以用于选相跳闸，又可以在阻抗继电器中做到仅投入故障特征最明显的阻抗测量元件。在突变量启动元件检出系统有故障后，先由它判别故障类型和相别，然后针对已知的相别提取相应的电压、电流对，进行阻抗计算。这种相别切换的想法在距离保护发展的初期也使用过，但当时的机电型继电器很难做到正确的判相，而且硬件切换电路也十分复杂，从而降低了可靠性，因此没有得到大量推广应用。

一、突变量电流选相

如上一节所述，微型机可以方便地取得各相电流的突变量，去掉负荷分量的影响，使故障相判别十分简单和可靠，而且切换完全由软件实现，并没有真正的切换触点，因此相别切换的原理在微机保护中得到了广泛的应用。另外，这种相别切换的原理还带来一个附带的好处，即对于两相接地短路，经过故障相判别后，可按相间故障的方式计算阻抗，因而可以避免两相接地故障时，常规接地阻抗继电器超前相的超越问题。

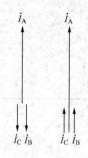

图 3-11　单相接地相量图

进行下面分析时，电流均指突变量电流，在故障初始阶段即为故障分量电流。故障相判别程序所依据的各种故障类型的特征如下。

1. 单相接地故障（以 A 相为例）

根据对称分量法的基本理论，假定系统的正序阻抗和负序阻抗相等，不难得出 A 相接地时，流过保护安装处的电流（故障分量）相量图如图 3-11 所示。两个非故障相电流可能和故障相电流相位相差 $180°$，也可能同相，这决定于故障点两侧系统正序和零序电流分量的分配系数。从图 3-11 可见，单相接地故障有一个独特的特征，就是两个非故障相电流之差为零，其他故障类型没有这个特征。

2. 两相不接地短路

两相不接地短路（以 BC 两相相间短路为例）时，非故障相电流为零，相量图如图 3-12 所示。可见三种不同相电流差中，两个故障相电流之差最大。

3. 两相接地短路

两相接地短路（以 BC 两相短路为例）时，相量图如图 3-13 所示。此时三种不同相电流差中，仍然是两个故障相电流之差最大。

4. 三相短路

相量图从略，显然是三个相电流差的有效值均相等。

根据以上各种故障类型的分析，结合每种故障类型的特点，编制出一种故障相判别程序的流程图，如图 3-14 所示。

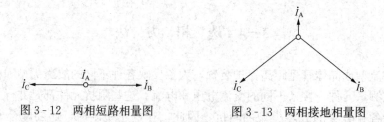

图 3-12　两相短路相量图　　　　图 3-13　两相接地相量图

流程中，第一步是计算三种电流差突变量的有效值 $|\dot{i}_A-\dot{i}_B|$、$|\dot{i}_B-\dot{i}_C|$ 和 $|\dot{i}_C-\dot{i}_A|$，算法可以采用第 3 章介绍过的半周积分法，配合一个差分滤波器用以抑制非周期分量，也可以采用其他能够求出有效值的算法。半周积分法需要的数据窗为 $\left(\dfrac{N}{2}+1\right)$ 个采样点。

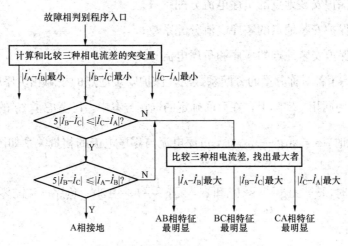

图 3-14 故障相判别程序流程图

第二步是通过比较，求出三者中的一个最小者。这里有三种可能，图中仅详细示出了 $|\dot{I}_B - \dot{I}_C|$ 最小的情形，其他两种情况可以类推。

（1）如果 $|\dot{I}_B - \dot{I}_C|$ 最小，则先判断是否为单相接地，如果是单相接地，只可能是 A 相接地。判断的方法是观察 $|\dot{I}_B - \dot{I}_C|$ 是否远小于另两个电流差的有效值，工程实际中，可以用 5 倍的门槛来判定是否"远小于"。因为任何其他类型的短路，都不符合这个特征。

（2）如果经判断不是单相接地，那么必定是相间短路。

二、对称分量选相

电流突变量选相元件在故障初始阶段有较高的灵敏度和准确性，但是，突变量仅存在 20～40ms，过了这个时间后，由于无法获得突变量，所以突变量选相元件就无法工作了。为了有效地实现选相，达到单相故障可以跳单相的目的，必须考虑其他的选相方案。除了突变量选相之外，常用的选相方法还有阻抗选相、电压选相、电压比选相、对称分量选相等，其中，对称分量选相是一种较好的选相方法。

分析输电线路发生各种单重故障的对称分量时，可以知道，只有单相接地短路和两相接地短路才同时出现零序和负序分量，而三相短路和两相相间短路均不出现稳态的零序电流。因此，可以考虑先用是否存在零序电流分量的办法，去掉三相短路和两相相间短路的影响，然后，再用零序电流 $3\dot{I}_0$ 和负序电流 $3\dot{I}_2$ 进行比较，找出单相接地短路与两相接地短路的区别。

1. 单相接地短路

单相接地短路时，故障相的复合序网如图 3-15 所示，图中，$\dot{E}_\Sigma$、$Z_{1\Sigma}$、$Z_{2\Sigma}$ 和 $Z_{0\Sigma}$ 均为复合参数。在故障支路，无论是金属性短路，还是经过渡电阻短路，始终存在 $\dot{I}_{1k} = \dot{I}_{2k} = \dot{I}_{0k}$。于是，在保护安装地点可得

$$\varphi = \arg \frac{\dot{I}_2}{\dot{I}_0} = \arg \frac{\dot{C}_{2m}\dot{I}_{2k}}{\dot{C}_{0m}\dot{I}_{0k}} = \arg \frac{\dot{C}_{2m}}{\dot{C}_{0m}} \approx 0^\circ \tag{3-38}$$

式中　　$\dot{C}_{2m}$ ——保护安装地点的负序电流分配系数；

　　　　$\dot{C}_{0m}$ ——保护安装地点的零序电流分配系数；

　　　　$\dot{I}_0$、$\dot{I}_2$ ——保护安装地点的零序和负序电流。

这说明，考虑了各对称分量的分配系数后，保护安装地点的故障相负序电流 $\dot{I}_2$ 与零序电流 $\dot{I}_0$ 基本上仍然为同相。实际上，在后面确定的选相方案中，已考虑了 30° 的裕度。因此有：

1）A 相接地时，$\varphi = \arg \dfrac{\dot{I}_{2A}}{\dot{I}_0} \approx 0°$，负序电流与零序电流的相量关系如图 3-16 所示；

2）B 相接地时，$\varphi = \arg \dfrac{\dot{I}_{2B}}{\dot{I}_0} \approx 0°$ 和 $\varphi = \arg \dfrac{\dot{I}_{2A}}{\dot{I}_0} \approx -120°$，负序电流与零序电流的相量关系如图 3-17 所示；

3）C 相接地时，$\varphi = \arg \dfrac{\dot{I}_{2C}}{\dot{I}_0} \approx 0°$ 和 $\varphi = \arg \dfrac{\dot{I}_{2A}}{\dot{I}_0} \approx 120°$，负序电流与零序电流的相量关系如图 3-18 所示。

图 3-16～图 3-18 中，为了突出 $\dot{I}_{2A}$ 与 $\dot{I}_0$ 的关系，将 B 相和 C 相的负序电流用虚线画出。

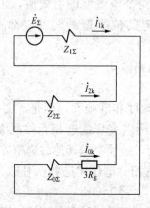

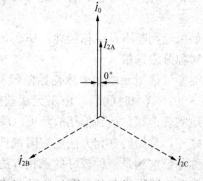

图 3-15　单相接地故障相的复合序网　　　　图 3-16　A 相接地的零序、负序相量关系

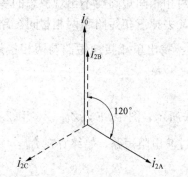

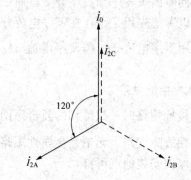

图 3-17　B 相接地的零序、负序相量关系　　　　图 3-18　C 相接地的零序、负序相量关系

2. 两相接地短路

两相经过渡电阻接地时，非故障相的复合序网如图 3-19 所示。在故障支路，有

$$\dot{I}_{2k} = -\frac{Z_{0\Sigma} + 3R_g}{Z_{2\Sigma} + Z_{0\Sigma} + 3R_g}\dot{I}_{1k} \tag{3-39}$$

$$\dot{I}_{0k} = -\frac{Z_{2\Sigma}}{Z_{2\Sigma} + Z_{0\Sigma} + 3R_g}\dot{I}_{1k} \tag{3-40}$$

于是

$$\varphi = \arg\frac{\dot{I}_{2k}}{\dot{I}_{0k}} = \arg\frac{Z_{0\Sigma} + 3R_g}{Z_{2\Sigma}} \approx 0° \sim -90° \tag{3-41}$$

考虑各对称分量的分配系数后，保护安装地点的非故障相负序电流 $\dot{I}_2$ 与零序电流 $\dot{I}_0$ 基本上仍然满足式（3-41）的关系，即 $\varphi = \arg\frac{\dot{I}_2}{\dot{I}_0} \approx 0° \sim -90°$。其中，$R_g = 0$ 对应 $\varphi = \arg\frac{\dot{I}_2}{\dot{I}_0} \approx 0°$，此时，相量关系与单相接地一致；$R_g$ 趋向 ∞ 时，对应 $\varphi = \arg\frac{\dot{I}_2}{\dot{I}_0}$ 趋向于 $-90°$。以 BC 两相接地短路为例，保护安装地点的 A 相负序电流 $\dot{I}_{2A}$ 与零序电流 $\dot{I}_0$ 的相量关系如图 3-20 所示。图中的半圆形虚线为不同过渡电阻情况下的 $\dot{I}_0$ 相量轨迹。AB 或 CA 两相接地短路的情况，结论相似，读者可自行分析。

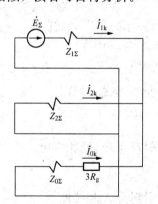

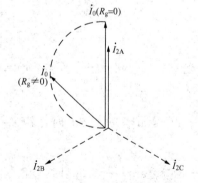

图 3-19 两相接地非故障相的复合序网　　图 3-20 B、C 两相接地时的零序、负序电流相量关系

3. 选相方法

由上述分析各种接地短路的相量关系可以得出，如果不计负序和零序电流分配系数之间的角度差，那么，保护安装地点的 A 相负序电流与零序电流之间的相位关系见表 3-2。画出以 $\dot{I}_0$ 为基准相量的选相区域图，$\dot{I}_{2A}$ 落在不同的相位区，对应了不同的接地故障类型和相别，如图 3-21（a）所示。再考虑对称分量分配系数的角度差之后，实际应用的对称分量选相区域如图 3-21（b）所示。

进一步的问题是，如何判别出同一个相位区域内是单相接地还是两相接地？虽然可以考

虑用电流的大小来解决这个问题，但是，测量电流受负荷电流的影响，不能实现准确判别，因此，用阻抗确认是一种较好的选择。以 $-30° \leqslant \arg \dfrac{\dot{I}_{2A}}{\dot{I}_0} \leqslant 30°$ 的区域为例，如果是 A 相接地短路，那么，BC 两相相间阻抗基本上为负荷阻抗，其值较高，测量阻抗应在 Ⅲ 段阻抗 $Z^{Ⅲ}$ 之外；如果是 BC 两相接地短路，那么，BC 两相相间测量阻抗应在 Ⅲ 段阻抗 $Z^{Ⅲ}$ 以内。于是，区分 $k_A^{(1)}$ 和 $k_{BC}^{(1,1)}$ 的规则为：

表 3-2　　　　　　　　　各种接地短路时，A 相负序电流与零序电流的相位关系

故障类型 角度	$k_A^{(1)}$	$k_B^{(1)}$	$k_C^{(1)}$	$k_{AB}^{(1,1)}$	$k_{BC}^{(1,1)}$	$k_{CA}^{(1,1)}$
$\arg \dfrac{\dot{I}_{2A}}{\dot{I}_0}$	0°	240°	120°	30°～120°	−90°～0°	150°～240°

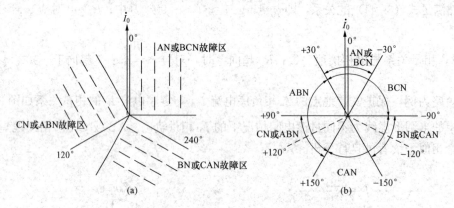

图 3-21　对称分量选相区域图

(a) $\arg \dfrac{\dot{C}_{2m}}{\dot{C}_{0m}} = 0°$ 的序分量选相区；(b) 实用的序分量选相区域

1）当 $-30° \leqslant \arg \dfrac{\dot{I}_{2A}}{\dot{I}_0} \leqslant 30°$ 时，若 Z_{BC} 在 $Z^{Ⅲ}$ 内，则判为 BC 两相接地；

2）当 $-30° \leqslant \arg \dfrac{\dot{I}_{2A}}{\dot{I}_0} \leqslant 30°$ 时，若 Z_{BC} 在 $Z^{Ⅲ}$ 外，则判为 A 相接地。

应当说明的是，当发生 Ⅲ 段外的 BC 两相接地时，即使按 A 相接地短路处理，也不会有什么不良后果，因为这种情况下的 Z_A 测量阻抗较大，保护的动作元件不会动作。综合上述分析，可以做出对称分量的选相流程图，如图 3-22 所示。

顺便指出，常规保护中的选相元件通常只采用一种选相方法，并将这种选相方法贯彻始终，实际上，保护中的各种方法（包括选相方法）和判据都有各自的特点，但不少判据又有一定的局限性，因此，在选择方法和判据时，应该考虑其充分的使用条件，这一点要引起注意。如电流突变量选相仅在短路初始阶段十分有效，而对称分量选相只能在同时有零序和负序电流时才起作用，其他的选相方法也同样有一定的使用条件，读者可自行分析。

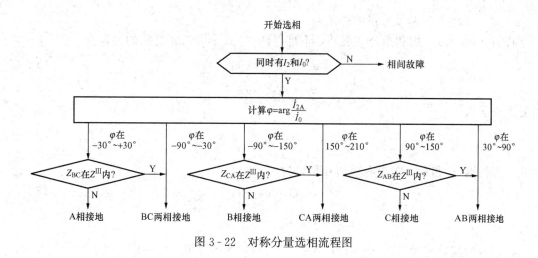

图 3-22　对称分量选相流程图

3—5　傅里叶级数算法[17]

一、基本原理

傅里叶级数算法（以下简称傅氏算法）的基本思路来自傅里叶级数，算法本身具有滤波作用。它假定被采样的模拟信号是一个周期性时间函数，除基波外还含有不衰减的直流分量和各次谐波，可表示为

$$x(t) = \sum_{n=0}^{\infty} X_n \sin(n\omega_1 t + \alpha_n) = \sum_{n=0}^{\infty} \left[(X_n \sin\alpha_n) \cos n\omega_1 t + (X_n \cos\alpha_n) \sin n\omega_1 t \right]$$

$$= \sum_{n=0}^{\infty} (b_n \cos n\omega_1 t + a_n \sin n\omega_1 t) \quad (n = 0, 1, 2, \cdots) \tag{3-42}$$

其中
$$b_n = X_n \sin\alpha_n, \quad a_n = X_n \cos\alpha_n$$

式中　a_n、b_n——分别为直流、基波和各次谐波的正弦项和余弦项的振幅。

由于各次谐波的相位可能是任意的，所以，把它们分解成有任意振幅的正弦项和余弦项之和。a_1、b_1 分别为基波分量的正、余弦项的振幅，b_0 为直流分量的值。

根据傅里叶级数的原理，可以求出 a_1、b_1 分别为

$$a_1 = \frac{2}{T} \int_0^T x(t) \sin(\omega_1 t) \, \mathrm{d}t \tag{3-43}$$

$$b_1 = \frac{2}{T} \int_0^T x(t) \cos(\omega_1 t) \, \mathrm{d}t \tag{3-44}$$

由积分过程可以知道，基波分量正、余弦项的振幅 a_1 和 b_1 已经消除了直流分量和整次谐波分量的影响。于是 $x(t)$ 中的基波分量为

$$x_1(t) = a_1 \sin\omega_1 t + b_1 \cos\omega_1 t$$

合并正弦、余弦项，可写为

$$x_1(t) = \sqrt{2} X_1 \sin(\omega_1 t + \alpha_1)$$

式中　X_1——基波分量的有效值；

α_1——$t=0$ 时基波分量的相角。

将 $\sin(\omega_1 t+\alpha_1)$ 用和角公式展开，不难得到 X_1、α_1 同 a_1、b_1 之间的关系为

$$a_1=\sqrt{2}X_1\cos\alpha_1 \tag{3-45}$$

$$b_1=\sqrt{2}X_1\sin\alpha_1 \tag{3-46}$$

用复数表示为

$$\dot{X}_1=\frac{1}{\sqrt{2}}(a_1+jb_1) \tag{3-47}$$

因此，可根据 a_1 和 b_1，求出有效值和相角为

$$2X_1^2=a_1^2+b_1^2 \tag{3-48}$$

$$\tan\alpha_1=\frac{b_1}{a_1} \tag{3-49}$$

在用微型机处理时，式（3-43）和式（3-44）的积分可以用梯形法则求得：

$$a_1=\frac{1}{N}\left[2\sum_{k=1}^{N-1}x_k\sin\left(k\frac{2\pi}{N}\right)\right] \tag{3-50}$$

$$b_1=\frac{1}{N}\left[x_0+2\sum_{k=1}^{N-1}x_k\cos\left(k\frac{2\pi}{N}\right)+x_N\right] \tag{3-51}$$

式中　N——基波信号的一周期采样点数；

　　　x_k——第 k 次采样值；

　x_0、x_N——分别为 $k=0$ 和 $k=N$ 时的采样值。

表 3-3　　　　　　　　　　　　　　　$N=12$ 时，正弦和余弦的系数

k	0	1	2	3	4	5	6	7	8	9	10	11	12
$\sin\left(k\dfrac{2\pi}{N}\right)$	0	$\dfrac{1}{2}$	$\dfrac{\sqrt{3}}{2}$	1	$\dfrac{\sqrt{3}}{2}$	$\dfrac{1}{2}$	0	$-\dfrac{1}{2}$	$-\dfrac{\sqrt{3}}{2}$	-1	$-\dfrac{\sqrt{3}}{2}$	$-\dfrac{1}{2}$	0
$\cos\left(k\dfrac{2\pi}{N}\right)$	1	$\dfrac{\sqrt{3}}{2}$	$\dfrac{1}{2}$	0	$-\dfrac{1}{2}$	$-\dfrac{\sqrt{3}}{2}$	-1	$-\dfrac{\sqrt{3}}{2}$	$-\dfrac{1}{2}$	0	$\dfrac{1}{2}$	$\dfrac{\sqrt{3}}{2}$	1

当取 $\omega_1 T_S=30°$（$N=12$）时，基波正弦和余弦的系数见表 3-3。于是，可以得到式（3-50）和式（3-51）的采样值计算公式为

$$a_1=\frac{1}{12}\left[2\left(\frac{1}{2}x_1+\frac{\sqrt{3}}{2}x_2+x_3+\frac{\sqrt{3}}{2}x_4+\frac{1}{2}x_5-\frac{1}{2}x_7-\frac{\sqrt{3}}{2}x_8-x_9-\frac{\sqrt{3}}{2}x_{10}-\frac{1}{2}x_{11}\right)\right]$$

$$=\frac{1}{12}\left[(x_1+x_5-x_7-x_{11})+\sqrt{3}(x_2+x_4-x_8-x_{10})+2(x_3-x_9)\right] \tag{3-52}$$

$$b_1=\frac{1}{12}\Big[x_0+2\Big(\frac{\sqrt{3}}{2}x_1+\frac{1}{2}x_2-\frac{1}{2}x_4-\frac{\sqrt{3}}{2}x_5-x_6-\frac{\sqrt{3}}{2}x_7$$

$$-\frac{1}{2}x_8+\frac{1}{2}x_{10}+\frac{\sqrt{3}}{2}x_{11}\Big)+x_{12}\Big]$$

$$=\frac{1}{12}\left[(x_0+x_2-x_4-x_8+x_{10}+x_{12})+\sqrt{3}(x_1-x_5-x_7+x_{11})-2x_6\right] \tag{3-53}$$

式中　$x_0,x_1,x_2,\cdots,x_{12}$——分别表示 $k=0,1,2,\cdots,N$ 时刻的采样值。

既然假定 $x(t)$ 是周期函数，那么求 a_1、b_1 所用的一个周期的积分区间可以是 $x(t)$ 的任意一段。为此，可以将式（3-43）和式（3-44）写为更一般的形式为

$$a_1(t_1) = \frac{2}{T}\int_0^T x(t+t_1)\sin\omega_1 t\,\mathrm{d}t \qquad (3\text{-}54)$$

$$b_1(t_1) = \frac{2}{T}\int_0^T x(t+t_1)\cos\omega_1 t\,\mathrm{d}t \qquad (3\text{-}55)$$

如果在式（3-54）、式（3-55）中取 $t_1=0$，即假定取从故障开始起的一个周期来积分，当 $t_1>0$ 时，$x(t+t_1)$ 将相对于时间坐标的零点向左平移，相当于积分从故障后 t_1 开始。改变 t_1 不会改变基波分量的有效值，但基波分量的初相角 α_1

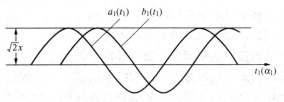

图 3-23　　a_1、b_1 同 t_1、α_1 间的关系曲线

却会改变。因此式（3-54）和式（3-55）中，将 a_1 和 b_1 都写成为移动量 t_1 的函数。图 3-23 示出了 a_1、b_1 同 t_1、α_1 之间的函数关系。从式（3-45）和式（3-46）可见，$a_1(t_1)$ 和 $b_1(t_1)$ 都是 α_1（因而也是 t_1）的正弦函数，它们的峰值都是基波分量的峰值，但相位不同，a_1 超前 b_1 $90°$。a_1 和 b_1 随 t_1 而改变的概念对下面分析傅氏算法的滤波特性很重要。

由于通过式（3-45）和式（3-46），已求得基波的实部和虚部参数，因此，可以方便地实现任意角度的移相，具体计算公式为

$$\dot{F} = \dot{X}_1\angle\delta = \frac{1}{\sqrt{2}}(a_1 + \mathrm{j}b_1)(\cos\delta + \mathrm{j}\sin\delta)$$

$$= \frac{1}{\sqrt{2}}\big[(a_1\cos\delta - b_1\sin\delta) + \mathrm{j}(a_1\sin\delta + b_1\cos\delta)\big]$$

式中　$\dot{F}$ ——移相后的相量；

　　　δ ——移相的角度。

由于 δ 为设计的移相角度，所以，$\sin\delta$ 和 $\cos\delta$ 两个参数可以事先算出来，成为已知的常数。

在分别求得 A、B、C 三相基波的实部和虚部参数后，还可以求得基波的对称分量，从而实现对称分量滤过器的功能。求基波对称分量的计算式为

$$\left.\begin{aligned}
\dot{F}_{1A} &= \frac{1}{3}(\dot{X}_{1A} + a\dot{X}_{1B} + a^2\dot{X}_{1C})\\
\dot{F}_{2A} &= \frac{1}{3}(\dot{X}_{1A} + a^2\dot{X}_{1B} + a\dot{X}_{1C})\\
\dot{F}_{0A} &= \frac{1}{3}(\dot{X}_{1A} + \dot{X}_{1B} + \dot{X}_{1C})
\end{aligned}\right\}$$

式中　$\dot{F}_{1A}$、$\dot{F}_{2A}$、$\dot{F}_{0A}$ ——分别为 A 相正序、负序和零序的对称分量；

　　　$\dot{X}_{1A}$、$\dot{X}_{1B}$、$\dot{X}_{1C}$ ——分别为 A、B、C 三相的基波相量。

其中　$a=1\angle120°$。

顺便指出，将式（3-50）和式（3-51）改为下列表达式，即可求得任意 n 次谐波的振幅和相位，适用于谐波分析。当然，被分析的最高谐波次数与采样频率之间，应满足采样定理。

$$a_n = \frac{1}{N}\left[2\sum_{k=1}^{N-1} x_k\sin\Big(kn\frac{2\pi}{N}\Big)\right]$$

$$b_n = \frac{1}{N}\Big[x_0 + 2\sum_{k=1}^{N-1} x_k \cos\Big(kn\frac{2\pi}{N}\Big) + x_N\Big]$$

式中　n——谐波次数。

实际上，相当于将式（3-43）、式（3-44）中的 ω_1 更换为 $n\omega_1$，即可求得 n 次谐波的正弦、余弦项的振幅。同样，n 次分量正、余弦项的振幅 a_n 和 b_n 已经消除了直流分量、基波和 n 次以外的整次谐波分量的影响。

二、傅氏算法的滤波特性分析

傅氏算法从傅里叶级数导出，它假定被采样信号是周期性的。符合这一假定时，它可以准确地求出基频分量。但实际上电流中的非周期分量不是纯直流，而是按指数规律衰减的，如图 3-24（a）所示。其频谱是连续的［如图 3-24（b）所示］，不但含有直流分量，还有许多低频分量。另外，对于输电线保护来说，由于线路分布电容而造成的暂态高频分量的主要频率成分取决于行波在短路点和保护安装处母线之间来回反射所需的时间，它不一定是基波分量的整数倍[18,19]。再者，这些高频分量也都是随时间不断衰减的。总之，短路后的电流和电压都不是周期函数。实际上，傅氏算法不仅能完全滤掉各种整次谐波和纯直流分量，对非整次高频分量和按指数衰减的非周期分量包含的低频分量也有一定的抑制能力，这一点在下面进一步分析傅氏算法的滤波特性后就清楚了。

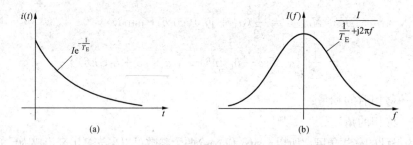

图 3-24　非周期分量的曲线及其频谱
(a) 时域；(b) 频域

为了分析傅氏算法的滤波作用，首先观察式（3-54）和式（3-55）的积分形式，它们可称为两个函数的互相关。一般地，两个时间函数 $f_1(t)$ 和 $f_2(t)$ 的互相关函数 $R_{1,2}(t)$ 是这样定义的

$$R_{1,2}(t_1) \triangleq \int_{-\infty}^{\infty} f_2(t)f_1(t+t_1)\mathrm{d}t$$

对比式（3-54）和式（3-55）可见，式（3-54）是 $x(t)$ 和 $p_T(t)\sin\omega_1 t$ 的互相关，式（3-55）是 $x(t)$ 和 $p_T(t)\cos\omega_1 t$ 的互相关。$p_T(t)$ 表示门函数

$$p_T(t) = \begin{cases} 1, & 0 < t < T \\ 0, & \text{其他} \end{cases}$$

互相关函数是信号分析的一个有用工具，本书不准备对它作详细介绍，但通过研究互相关和卷积之间的关系，可以清楚地了解傅氏算法求 a_1、b_1 算式的滤波作用。以式（3-54）为例，设图 3-25（a）为 $x(t+t_1)$ 在 t_1 为零时的图形，图 3-25（b）画出了 $p_T(t)\sin\omega_1 t$ 的图形。随着 t_1 的增大，图 3-25（a）的图形将不断向左平移。对应每一个 t_1，式（3-54）的

被积函数是图 3 - 25（a）和图 3 - 25（b）的乘积，其积分值是 t_1 的函数。

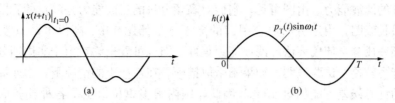

图 3 - 25 互相关的图解示意图

（a）$x(t+t_1)$ 在 t_1 零时的图形；（b）$p_T(t)\sin\omega_1 t$ 的图形

现在看 $x(t)$ 和 $p_T(t)(-\sin\omega_1 t)$ 的卷积分。根据卷积的定义

$$x(t) * p_T(t)(-\sin\omega_1 t) = \int_0^T x(t_1-t) \cdot (-\sin\omega_1 t)\mathrm{d}t$$

则两个被积函数的图形分别示于图 3 - 26（a）和图 3 - 26（b）。随着 t_1 增加，图 3 - 26（a）的图形将不断向右平移。其积分值也是 t_1 的函数。对比图 3 - 25 和图 3 - 26 可见，二者的积分结果完全一样，不过，图 3 - 26 的积分结果比图 3 - 25 的积分结果滞后一个时间 T。如果从反面来看图 3 - 26，会更清楚地看出，在经过 T 延时后，其积分结果与图 3 - 25 完全一样。由此证明了式（3 - 54）中 $a_1(t)$ 可以看成是输入信号 $x(t)$ 经过一个冲激响应为 $p_T(t)(-\sin\omega_1 t)$ 的滤波器的输出。由于滤波器的冲激响应宽度为一周期 T，所以要经过 $t_1 = T$ 延时后，其输出才能完全反映故障后的情况，或者说才等于按式（3 - 43）计算得到的 a_1 值。实际上如果故障发生在 $t=0$ 时，则式（3 - 43）也只能等待 $T=20\mathrm{ms}$ 后才能计算出结果。具有图 3 - 26（b）所示冲激响应的滤波器的频率特性已在 2—6 节中分析过，现重画于图 3 - 26（c）中，这是一个 $50\mathrm{Hz}$ 的带通滤波器。

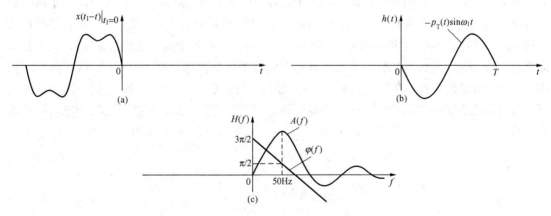

图 3 - 26 卷积的图解示意图

（a）$t_1 = 0$ 时 $x(t_1-t)$ 的图形；（b）$-p_T(t)\sin\omega_1 t$ 的图形；

（c）$50\mathrm{Hz}$ 的带通滤波器

用同样的方法可证明，式（3 - 55）的积分式含有的滤波作用相当于将 $x(t)$ 和 $p_T(t)\cos\omega_1 t$ 卷积，由于 cos 是偶函数，所以没有负号。冲激响应为 $p_T(t)\cos\omega_1 t$［如图 3 - 27（a）所示］的滤波器的频率特性也已在 2—6 节中分析过，现重画于图 3 - 27（b）。从图 3 - 26 和图 3 - 27 可见，这两个滤波器都能完全滤掉直流分量和所有的整次谐波，这和前面用傅里叶级数概念导出的结论完全一致。但现在图 3-26 和图 3-27 却给出了傅氏算法对任何其他频率成分的滤波能力。由图可见，它们对高频分量的滤波能力是满意的。因为对于目前实际可能的最长线路，由于分布电容引起的高频分量都比 50Hz 高得多，一般在 150Hz 以上，对这些频率成分，傅氏算法的滤波能力很好。但也可看出它对由于非周期分量引起的低频分量抑制能力较差。试验证明，如果不采取措施，在最严重的情况下，由非周期分量造成的傅氏算法的计算误差可能超过 10%。因此，国内很多单位提出了各种补救措施，详见参考文献 [7，20，21]。

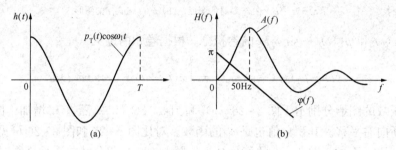

图 3-27　一周余弦函数及其频谱

(a) 冲激响应；(b) 函数频率特性

三、傅氏算法和两点乘积法的统一

两点乘积法要求用一个 50Hz 带通滤波器获得基波正弦量，然后利用滤波器相隔 5ms 的两点输出，计算有效值及相位。因此它的总延时是滤波器的延时再加上 5ms。导数法则只要利用 50Hz 带通滤波器的两个相邻输出，求出某一时刻的瞬时值和导数，就可算出有效值和相位，其实质是利用正弦量的导数超前于自身 90° 的原理，也是为了获得正弦量的两个点。如前所述，导数法可以缩短数据窗，但由于求导会带来另外一些问题。傅氏算法则是同时利用两个对基频信号的相移相差 90° 的数字滤波器，故 $a_1(t)$ 超前 $b_1(t)$ 为 90°。同两点乘积法相比，$b_1(t)$ 相当于两点乘积法中的第一点 i_1 或 u_1，$a_1(t)$ 相当于第二点的 i_2 或 u_2，只是它不需要再等待 5ms。它所需的数据窗长度就等于滤波器数据窗的长度（20ms），这一点可以从图 3-23 中清楚地看到，在同一时刻 t_1，得到的 a_1 值正是再过 5ms 后的 b_1 值。因此说傅氏算法和两点乘积法的本质是统一的。用傅氏算法实现距离保护时，只要对电流和电压同样处理，得到 a_{1I}、b_{1I}、a_{1U}、b_{1U}，则立即可根据式（3-12）和式（3-13）写出

$$X = \frac{b_{1U}a_{1I} - a_{1U}b_{1I}}{a_{1I}^2 + b_{1I}^2} \qquad (3-56)$$

$$R = \frac{b_{1U}b_{1I} + a_{1U}a_{1I}}{a_{1I}^2 + b_{1I}^2} \qquad (3-57)$$

对比傅氏算法、两点乘积法和导数法，可见傅氏算法既不用等待 5ms，又避免了采用导数，这是它的突出优点。

把傅氏算法理解成用两个相移 90° 的 FIR 滤波器的两点乘积法后，就可以从傅里叶级数的概念束缚中解放出来。实际上采用任何其他型式的两个 50Hz 带通滤波器，只要它们对 50Hz 的相移相差 90°，都可以用于这种算法。目前已有很多类似的算法提出，例如半周傅氏算法就是采用两个半周的基频正弦和余弦滤波器构成的，其计算 a_1 和 b_1 的表达式和全周傅氏算法类似，为

$$a_1 = \frac{4}{N}\Big[\sum_{k=1}^{\frac{N}{2}-1} x_k \sin\Big(k\,\frac{2\pi}{N}\Big)\Big] \tag{3-58}$$

$$b_1 = \frac{4}{N}\Big[\frac{x_0}{2} + \sum_{k=1}^{\frac{N}{2}-1} x_k \cos\Big(k\,\frac{2\pi}{N}\Big) + \frac{x_{N/2}}{2}\Big] \tag{3-59}$$

分析半周的基频正弦和余弦滤波器的频率特性就可以得出，这种算法对消除直流分量和偶次谐波的效果都比全周傅氏算法有所削弱。但由于它所需要的数据窗比全周傅氏算法减少了一半，因此在需要加速保护动作时间而可以降低滤波效果的场合，就可以采用这种算法。

另外，如参考文献 [22] 提出的用三角窗函数截断的 50Hz 带通滤波器来分别截断正弦和余弦函数，也可以构成两个相移相差 90°的滤波器，且得到精确度很高的算法。

3—6　R−L 模型算法[23]

一、基本原理

R−L 模型算法仅用于计算线路阻抗。对于一般的输电线路，在短路情况下，线路分布电容产生的影响主要表现为高频分量，于是，如果采用低通滤波器将高频分量滤除掉，就相当于可以忽略被保护输电线分布电容的影响，因而从故障点到保护安装处的线路段可用一电阻和电感串联电路来表示，即将输电线路等效为 R−L 模型。这样在短路时，下列方程成立

$$u(t) = R_1 i(t) + L_1 \frac{\mathrm{d}i(t)}{\mathrm{d}t} \tag{3-60}$$

式中　R_1、L_1——分别为故障点至保护安装处线路段的正序电阻和电感；

　　$u(t)$、$i(t)$——分别为保护安装处的电压、电流（下面为了简便起见，省略掉时间符号 t）。

对于相间短路，应采用 $u_\triangle$ 和 $i_\triangle$，例如 AB 相间短路时，取 u_{ab} 和 $i_a - i_b$。对于单相接地短路，取相电压及相电流加零序补偿电流，以 A 相接地为例，式（3-60）将写成

$$u_a = R_1(i_a + K_r \times 3i_0) + L_1 \frac{\mathrm{d}(i_a + K_x \times 3i_0)}{\mathrm{d}t} \tag{3-61}$$

其中　　　　　　　　　　$K_r = \frac{r_0 - r_1}{3r_1},\ K_x = \frac{l_0 - l_1}{3l_1}$

式中　K_r、K_x——分别为电阻及电感分量的零序补偿系数；

　　r_0、r_1、l_0、l_1——分别为输电线每公里的零序和正序电阻和电感。

为书写方便，下面仅按式（3-60）的基本形式讨论。

式（3-60）中的 u、i 和 $\frac{\mathrm{d}i}{\mathrm{d}t}$ 都是可以测量、计算的，未知数为 R_1 和 L_1。如果在两个不同的时刻 t_1 和 t_2 分别测量 u、i 和 $\frac{\mathrm{d}i}{\mathrm{d}t}$，就可得到两个独立的方程为

$$u_1 = R_1 i_1 + L_1 D_1$$
$$u_2 = R_1 i_2 + L_1 D_2$$

式中 D 表示 $\frac{\mathrm{d}i}{\mathrm{d}t}$，下标"1"和"2"分别表示测量时刻 t_1 和 t_2。为了满足独立方程的需

要，要求 $t_1 \neq t_2 \pm k\dfrac{T}{2}(k = 0,1,2,3,\cdots)$。

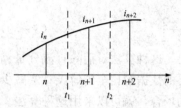

图 3-28　用差分近似求导数法

联立解以上两式，即可求得两个未知数 R_1 和 L_1 为

$$L_1 = \frac{u_1 i_2 - u_2 i_1}{i_2 D_1 - i_1 D_2} \tag{3-62}$$

$$R_1 = \frac{u_2 D_1 - u_1 D_2}{i_2 D_1 - i_1 D_2} \tag{3-63}$$

在用计算机处理时，电流的导数可用差分来近似计算，最简单的方法是取 t_1 和 t_2 分别为两个相邻的采样瞬间的中间值（如图 3-28 所示），于是近似有

$$D_1 = \frac{i_{n+1} - i_n}{T_S}$$

$$D_2 = \frac{i_{n+2} - i_{n+1}}{T_S}$$

电流、电压取相邻采样的平均值，有

$$i_1 = \frac{i_n + i_{n+1}}{2}$$

$$i_2 = \frac{i_{n+1} + i_{n+2}}{2}$$

$$u_1 = \frac{u_n + u_{n+1}}{2}$$

$$u_2 = \frac{u_{n+1} + u_{n+2}}{2}$$

应当指出，R$-$L 模型算法实际上求解的是一组二元一次代数方程，带微分符号的量 D_1 和 D_2 是测量计算得到的已知数。

R$-$L 模型算法也曾被称为解微分方程法，名称的由来是因为算法是根据式（3-60）所示的微分方程导出的，并不十分确切。

除了上述直接解法以外，还可以将式（3-60）分别在两个不同的时间段内积分，而得到两个独立的方程

$$\int_{t_1}^{t_1+T_0} u\,\mathrm{d}t = R_1 \int_{t_1}^{t_1+T_0} i\,\mathrm{d}t + L_1 \int_{t_1}^{t_1+T_0} \frac{\mathrm{d}i}{\mathrm{d}t}\mathrm{d}t \tag{3-64}$$

$$\int_{t_2}^{t_2+T_0} u\,\mathrm{d}t = R_1 \int_{t_2}^{t_2+T_0} i\,\mathrm{d}t + L_1 \int_{t_2}^{t_2+T_0} \frac{\mathrm{d}i}{\mathrm{d}t}\mathrm{d}t \tag{3-65}$$

式（3-64）及式（3-65）中 T_0 为积分时间长度，t_1 和 t_2 则为两个不同的积分起始时刻。以上两积分式中

$$\int_{t_1}^{t_1+T_0} \frac{\mathrm{d}i}{\mathrm{d}t}\mathrm{d}t = i(t_1 + T_0) - i(t_1)$$

$$\int_{t_2}^{t_2+T_0} \frac{\mathrm{d}i}{\mathrm{d}t}\mathrm{d}t = i(t_2 + T_0) - i(t_2)$$

其余各项积分在用计算机处理时可用梯形法则近似求得。联立解式（3-64）和式（3-65）也可求得两个未知数 R_1 和 L_1。

将式（3-60）积分后再求解和直接求解相比，如果积分区间 T_0 取得足够大，则兼有一定的滤波作用，从而可抑制高频分量，但它所需的数据窗要相应加长。实际上，根据第2章数字滤波知识可知，上述积分解法可以看作是先用一个长度为 T_0 的矩形冲激响应的数字滤波器对输入电压、电流进行滤波处理后，再进行直接求解的算法。作为一种单独求解的 R-L 模型算法，本身兼有滤波作用，应算作它的一个优点。

二、对 R-L 模型算法的分析和评价

1. 算法的频域分析

R-L 模型算法所依据的方程 [式（3-60）] 忽略了输电线分布电容。由此带来的误差只要用一个低通滤波器预先滤除电压和电流中的高频分量就可以基本消除。因为分布电容的容抗只有对高频分量才是不可忽略的，下面作定量分析。

一条具有分布参数的输电线，在短路时保护装置所感受到的阻抗为[24]

$$Z(f) = Z_{c1} \operatorname{th}(\gamma d) \tag{3-66}$$

其中
$$Z_{c1} = \sqrt{\frac{r_1 + j\omega l_1}{g_1 + j\omega C_1}}, \quad \gamma = \sqrt{(r_1 + j\omega l_1)(g_1 + j\omega C_1)}$$

式中　Z_{c1}——输电线的正序波阻抗；

　　　γ——每公里的正序传输常数；

　　　d——短路点到保护安装处的距离，km。

由式（3-66）可见，继电器感受的阻抗与短路点不成正比。另外，由于 γ 和 Z_{c1} 均为频率的函数，所以感受阻抗也是频率的函数。但在 γd 较小时，有 $\operatorname{th}(\gamma d) \approx \gamma d$，于是，式（3-66）简化成

$$Z(f) \approx (r_1 + j\omega l_1)d = R_1 + j\omega L_1 \tag{3-67}$$

这说明只要以上简化条件成立，则在相当宽的一个频率范围内，忽略分布电容是可以允许的。

将式（3-66）所示的感受阻抗的实部和虚部分开并写成以下形式

$$Z(f) = R_e(f) + j\omega L_e(f) \tag{3-68}$$

式中　$R_e(f)$、$L_e(f)$——分别为分布参数线路的等效电阻和电感。

图3-29示出了根据典型 220kV 线路参数用计算机计算得到的在不同短路距离时，$R(f)$ 和 $L(f)$ 随频率变化的情形。可见 R-L 模型算法同前述各种算法不同，它不是仅反映基频分量，而是在相当宽的一个频段内都能适用。这就带来了两个突出的优点。

1）它不需要用滤波器滤除非周期分量。因为电流中的非周期分量是符合算法所依据的方程的。从频域来看，图3-29 也说明了非周期分量所含有的低频成分都是符合 R-L 模型的。可见 R-L 模型算法可以只要求采用低通滤波器，因而这种算法较之要求带通滤波器的其他算法，其总延时可以较短，因为低通滤波器的延时要比带通滤波器短得多。例如参考文献 [24] 提出的方案就是用第2章介绍的 Tukey FIR 低通滤波器和 R-L 模型算法配合应用的。这种滤波器的冲激响应和频率特性已在第2章给出，现重写如下

$$h(t) = \begin{cases} \dfrac{1}{2}[1 + \cos(\pi f_T t - \pi)], & \text{当 } 0 < t < \dfrac{2}{f_T} \text{ 时} \\ 0, & \text{当 } t = \text{其他值时} \end{cases} \tag{3-69}$$

$$|H(f)| = \frac{\sin(2\pi f/f_{\mathrm{T}})}{2\pi f\left[1 - \left(\dfrac{2f}{f_{\mathrm{T}}}\right)^2\right]} \tag{3-70}$$

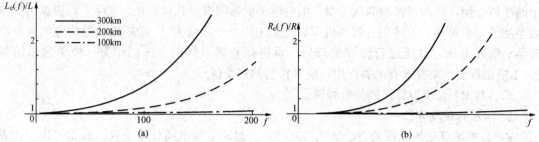

图 3-29 L_{e}/L，R_{e}/R 和 f 的关系曲线

(a) 等效电感的依频关系；(b) 等效电阻的依频关系

如果该方案取采样频率 $f_{\mathrm{S}} = 1000\mathrm{Hz}$，并取截止频率 $f_{\mathrm{T}} = \dfrac{1000}{3}\mathrm{Hz}$，那么，单位冲激响应 $h(nT_{\mathrm{S}})$ 的各系数见表 3-4。

表 3-4   Tukey 滤 波 器 的 系 数

n	0	1	2	3	4	5	6
$h(nT_{\mathrm{S}})$	0	0.25	0.75	1.0	0.75	0.25	0
$4h(nT_{\mathrm{S}})$	0	1	3	4	3	1	0

从表 3-4 可见，如果将 $h(nT_{\mathrm{S}})$ 的各系数同时乘以常数 4（这显然不会改变其频率特性的形状），就可使各系数全部成为整数，从而使 $x(nT_{\mathrm{S}})$ 和 $h(nT_{\mathrm{S}})$ 的卷积变得十分简单，可以用移位和加法实现，避免了费时较多的乘法。和表 3-4 的单位冲激响应对应的数字滤波器的频率特性的形状根据式（3-70）示于图 3-30。可见如以 $f=0$ 时的 $H(f)$ 值为 1，则它对 300Hz 以上的高频分量实际上完全可以抑制，并且没有混叠现象。在 150Hz 时，$|H(f)| = 0.57$。根据参考文献 [24] 的试验结果，此方案在线路长度小于 250km 时，可以得到满意的结果。算法所需的数据窗总长度为数字滤波器的单位冲激响应的宽度 [本例为 5 点，4ms。注意表 3-4 中 $h(0T_{\mathrm{S}})$ 和 $h(6T_{\mathrm{S}})$ 均为 0，可以去掉] 和算法所需的数据窗长度（3 点，2ms）之和，共为 6ms，如图 3-31 所示。设在 $n=0$ 时发生短路，则在 $n=7$ 时，可以计算出短路阻抗值（假设硬件的运算时间可以忽略）。可见它和全周傅氏算法相比，总数据窗长度要短得多，所以响应速度快。

2）R—L 模型算法不受电网频率变化的影响。前面介绍过的几种其他算法都要受频率变化的影响。因为这些算法都要求采样间隔（相当于输入信号的基频电角度）为一个确定的数值。采样间隔决定于微型机的晶体振荡器，是相当准确和稳定的。电网频率偏离额定值后，这两者之间的关系被破坏了，从而带来计算误差。根据参考文献 [25] 中的研究，这种误差是相当可观的，所以作者采用了自适应措施，使采样率自动跟踪电网频率的变化。而 R—L 模型算法所依据的方程在相当宽的一个频段内都成立，因而可以在很大的频率范围内准确地计算出故障线路段的 R_1 和 L_1。

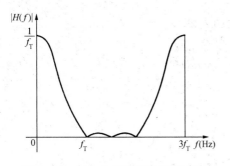

图 3-30 Tukey 滤波器的频率特性

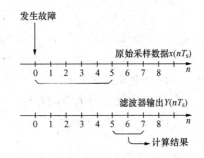

图 3-31 利用 Tukey 滤波器后，R−L
模型算法的总数据窗示意图

2. R−L 模型算法与导数法比较

R−L 模型算法同导数法类似，由于要用差分求导，带来了两个问题：一是对滤波器抑制高频分量的能力要求较高；二是要求采样率较高，以便减小求导引入的计算误差。和前述的导数法不同点是 R−L 模型算法只需要求电流的导数，而导数法还要求电压的导数。由于输电线感抗分量远大于电阻分量，所以电压中的高频分量通常远大于电流中的高频分量。因而，就抑制高频分量的要求来说，R−L 模型算法比导数法要低得多，也就是说，用同样的滤波器，导数法可能远远不能满足要求，而 R−L 模型算法则可获得满意的结果。

3. 算法的稳定性分析

在应用计算机进行数值运算时，一个要注意的问题是有限字长效应。有限字长效应包括两个方面：一是模数转换器的位数是有限的，因此，将连续的模拟量转换成有限字长的数字量时要引入整量化误差；二是计算机在运算过程中的字长也是有限的，例如在做浮点乘除时，由于尾数字长有限，也会引入舍入误差。

第 1 章已经分析过，在采用 12 位模数转换器时，整量化误差的相对值很小，而舍入误差的相对值只要保证尾数的位数足够长，就可以做得更小。但是，如果在运算过程中碰到两个相近的数进行相减运算，即使这两个相近的数各自仅带有很小的相对误差，那么，相减的结果相对误差却将大大增加。R−L 模型算法的算式（3-62）和式（3-63）中有好几个减号，因此有必要分析，在做这些减法运算时是否可能碰到两个相近的数相减，特别是由于测量时刻 t_1 和 t_2 可能落在 u 和 i 的基波的任意相角上，那么，是否会在某个相角时产生两个相近的数相减呢？实际上，关键是要分析式（3-62）和式（3-63）的分母。因为只要分母不出现两个相近的数相减，或者说只要分母不趋近于零，那么它们的分子只会在出口短路时，才趋近于零（也就是说，除出口附近短路外，不会出现两个相近的数相减）。如果分母呈现两个非常接近的数相减，因而结果趋于零，就成为 $\frac{0}{0}$ 的结构，此时算式将不稳定，出现很大的计算误差。所以，算式中分母的绝对值越大，算式的结构就越稳定。

应当注意的是两点乘积法、导数法和傅氏算法的算式中，分母都是两个数的平方和，因而，在短路电流大于一定数值时，不可能出现分母趋于零的问题，即不存在算法不稳定的问题。这也是把算法的稳定性只放在 R−L 模型算法这一节中讨论的原因。

下面进一步分析式（3-62）和式（3-63）的分母数值和哪些因素有关。为便于分析，假设电流和电流的导数都是正弦的，即为

$$i_1 = I_m \sin\alpha_1$$

$$D_1 = D_m \sin(\alpha_1 + \alpha_D)$$
$$i_2 = I_m \sin(\alpha_1 + \theta)$$
$$D_2 = D_m \sin(\alpha_1 + \theta + \alpha_D)$$

式中　α_1——t_1 时刻电流的相角；

$\quad\quad\alpha_D$——电流的导数超前电流的角度；

$\quad\quad\theta$——t_2 滞后于 t_1 的电角度。

于是

$$
\begin{aligned}
\text{分母} &= i_2 D_1 - i_1 D_2 \\
&= I_m D_m [\sin(\alpha_1 + \theta)\sin(\alpha_1 + \alpha_D) \\
&\quad - \sin\alpha_1 \sin(\alpha_1 + \theta + \alpha_D)] \\
&= I_m D_m \{[(\sin\alpha_1 \cos\theta + \cos\alpha_1 \sin\theta)\sin(\alpha_1 + \alpha_D)] \\
&\quad - \sin\alpha_1 [\sin\theta\cos(\alpha_1 + \alpha_D) + \cos\theta\sin(\alpha_1 + \alpha_D)]\} \\
&= I_m D_m [\sin\alpha_1 \cos\theta\sin(\alpha_1 + \alpha_D) + \cos\alpha_1 \sin\theta\sin(\alpha_1 + \alpha_D) \\
&\quad - \sin\alpha_1 \sin\theta\cos(\alpha_1 + \alpha_D) - \sin\alpha_1 \cos\theta\sin(\alpha_1 + \alpha_D)] \\
&= I_m D_m \sin\theta [\cos\alpha_1 \sin(\alpha_1 + \alpha_D) - \sin\alpha_1 \cos(\alpha_1 + \alpha_D)] \\
&= I_m D_m \sin\theta \sin\alpha_D
\end{aligned}
\tag{3-71}
$$

用同样方法分析式（3-62）和式（3-63）的分子，得出

$$u_1 i_2 - u_2 i_1 = I_m U_m \sin\theta\sin\varphi \tag{3-72}$$

和

$$u_2 D_1 - u_1 D_2 = U_m D_m \sin\theta\sin(\alpha_D - \varphi) \tag{3-73}$$

式中　φ——电压超前电流的角度。

从式（3-71）可见，分母的数值与 α_1 无关。另外，在相间短路时，电流的导数总是超前于电流 90°的，因而 $\alpha_D = 90°$。在单相接地时，由于加入零序补偿，而式（3-61）中 k_r 和 k_x 不一定相等，因而 α_D 可能不等于 90°，但差别也不会太大。如用 $\alpha_D = 90°$代入式（3-71），则得出

$$i_2 D_1 - i_1 D_2 = I_m D_m \sin\theta$$

所以，θ 越接近 90°，分母的数值就越大。如果 $\theta = 90°$，则有 $D_1 = \omega i_2$ 和 $D_2 = -\omega i_1$，代入式（3-62）和式（3-62）则得

$$X_1 = \omega L_1 = \frac{u_1 i_2 - u_2 i_1}{i_1^2 + i_2^2}$$

$$R_1 = \frac{u_1 i_1 + u_2 i_2}{i_1^2 + i_2^2}$$

上两式和两点乘积法的算式（3-12）和式（3-13）完全一样。所以在 $\theta = 90°$时，R－L 模型算法中的分母实际上也是两个同符号的数相加。

为了提高分母的数值，以便提高算式的稳定性，可以适当加大 R－L 模型算法中 t_1 和 t_2 的时间差，不像图 3-28 那样仅相差一个采样间隔 T_s，而是差两个 T_s，如图 3-32 所示。当采样率取为 1000Hz 时，$2T_s$ 相当于基频 36°的电气角度，这就可大大提高算式的稳定性。

从电感分量算式的分子式（3-72）可见，在金属性短路时 $\varphi \approx 90°$，所以它同分母一样，其数值同 α_1 无关，而且在 θ 足够大时，两项实际上是相加的。电阻分量的分子则不同，在金属性短路时，式（3-73）中 $\sin(\alpha_D - \varphi)$ 很小，因而可能出现两个相近的数相减，所以，

此时电阻分量的计算相对误差一般比电抗分量的误差大。

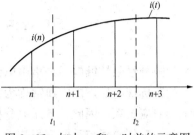

图 3-32　加大 t_1 和 t_2 时差的示意图

最后应当指出，以上分析都假定了 u 和 i 均为纯正弦量，实际上，当 R-L 模型算法和低通滤波器配合应用时，电流中可能仍含有按指数衰减的非周期分量。分析指出，此时分母的值与 α_1 有关，并在某个 α_1 值时，可能使分母成为两个相近的数相减，而造成较大的计算误差。为此，这种算法最好在程序中对分母的计算值进行监视，在发现分母较小这种情况时，将整个数据窗向右移一个采样间隔后再进行计算。当然，出现这种情况的机会是极少的。

4. 评价

分析式（3-62）、式（3-63）可以知道，经过低通滤波器的滤波之后，算式几乎与频率无关，因此，R-L 模型算法具有如下的优点。

1）可以不必滤除非周期分量，因而算法的总时窗较短。

2）不受电网频率波动的影响。

3）当测量电压取自串补电容的线路侧 TV 时，R-L 模型算法不受串补电容产生的低频分量的影响。此低频分量的特征和产生机理可参阅参考文献 [4]。

这些突出的优点使 R-L 模型算法在线路距离保护中得到广泛应用。但是，当这种算法和低通滤波器而不是带通滤波器配合使用时，将受信号中噪声的影响比较大。噪声包括采样输入信号中的噪声、模数转换器的零点漂移及整量化噪声等。后者是随机的分布噪声，占据频带很宽，因此，如果用长数据窗的窄带通滤波器不仅可以滤除零点漂移的直流分量，也可大大削弱整量化噪声，如同高频保护的收信机采用窄带收信滤波器可以抑制随机的分布电晕干扰一样。尤其是在测试精工电压和精工电流时，由于信噪比降低，问题更突出。用短数据窗的 R-L 模型算法的精工电压和精工电流指标肯定不如用窄带滤波器的其他算法的指标高，但这不应看成是 R-L 模型算法的缺点，因为本章前面介绍过的几种其他算法都是根据信号为正弦量的原理而得出的，必须用窄带通滤波器。而 R-L 模型算法则允许用短数据窗的低通滤波器，如果与其他算法一样也采用一个窄带通滤波器与此法配合，那么，R-L 模型算法也可以得到很高的精确度，同时还保留了不受电网频率变化影响的优点。

参考文献 [26] 提出了一个时窗为 16ms 的专为 R-L 模型算法设计的 50Hz 带通滤波器，它对高频分量的抑制能力很强（比全周傅氏算法强得多），而对低频分量的抑制能力较差（与全周傅氏算法相比相差很小），但由于 R-L 模型算法在原理上是将非周期分量作为有效分量的，因此，配合这种滤波器的应用得到了满意的结果。参考文献 [27] 还提出了用长、短数据窗的滤波器相结合配合 R-L 模型算法的方案，即先用短数据窗的低通滤波器滤波后，进行一次粗略但快速的计算，以便快速切除近处故障；对于 Ⅰ 段保护范围边缘的故障，则再用长数据窗的带通滤波器进行精算滤波后切除故障。通过这样的安排，算法的程序可以公用并简化，同时较好地解决了速度和精确度的矛盾。

3-7 故障分量阻抗继电器[39]

故障分量阻抗继电器是指由电流、电压的故障分量构成，反应继电器工作电压（补偿电压）的阻抗继电器，国内通常称为突变量阻抗继电器。由于相位比较与幅值比较二者之间有一定的对应关系，因此，下面只分析反应幅值的突变量阻抗继电器。

一、工作原理与动作方程

电力系统发生短路时，可将系统分解为正常运行状态和短路附加状态，如将图 3-7 分解为图 3-8 的（a）和（b）所示。正常运行状态中，系统由发电机产生电动势，在整个电力系统中，建立正常的电压和电流，传输能源，此时的电流称为负荷电流；短路附加状态中，仅在故障点有故障电动势起作用，从而在短路附加状态网络中产生故障分量的电流、电压。当然，在短路附加状态网络中，没有负荷电流、电压的影响，仅存在故障分量的电流、电压。故障分量、突变量分量的定义和提取方法如 3-3 节所述。顺便指出，一般情况下故障分量的提取是有时间限制的，因此，突变量阻抗继电器通常仅在短路刚发生的一段时间内投入使用。

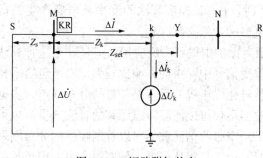

图 3-33　短路附加状态

为了叙述方便，假设过渡电阻 $R_g = 0$，并把此时的短路附加状态示意图、规定方向及相关参数用图 3-33 表示。如果用 $\dot{U}_{k|0|}$ 表示故障点 k 在短路前的电压相量，那么，$\Delta\dot{U}_k = -\dot{U}_{k|0|}$。

如图 3-33 所示，设阻抗继电器 KR 安装在 MN 线路的 M 侧，这样，加到继电器上的电流、电压见表 3-5。于是，根据图 3-33 规定的各电气量正方向，可以得出补偿到保护范围末端 Y 点处的工作电压为

$$\Delta\dot{U}_{op} = \Delta\dot{U} - Z_{set}\Delta\dot{I} \tag{3-74}$$

式中　$\Delta\dot{U}_{op}$——补偿到 Y 点的电压；

　　　Z_{set}——阻抗继电器的整定阻抗；

　　$\Delta\dot{U}$、$\Delta\dot{I}$——对应接线方式的故障分量电压和电流，具体电气量见表 3-5。

即，相间短路的工作电压为 $\Delta\dot{U}_{op\phi\phi} = \Delta\dot{U}_{\phi\phi} - Z_{set}\Delta\dot{I}_{\phi\phi}$；接地短路的工作电压为 $\Delta\dot{U}_{op\phi} = \Delta\dot{U}_\phi - Z_{set}(\Delta\dot{I}_\phi + K3\dot{I}_0)$。

表 3-5　　　　　　　　　　　　　　突变量阻抗的接线方式

接线方式		相间 0°接线	具有零序电流补偿的 0°接线
继电器		$Z_{\phi\phi}$	Z_ϕ
接入量	$\Delta\dot{U}$	$\Delta\dot{U}_{\phi\phi}$	$\Delta\dot{U}_\phi$
	$\Delta\dot{I}$	$\Delta\dot{I}_{\phi\phi}$	$\Delta\dot{I}_\phi + K3\dot{I}_0$

注　ϕ 分别为 A、B、C；$\phi\phi$ 分别为 AB、BC、CA（下同）。

　　下面，根据故障点在保护范围内、保护范围外和反方向三种情况，予以分别讨论。在讨论中，先假设各阻抗的角度均相等。

　　1. 故障点 k 在保护范围内

　　由于电源中性点 S、R 的电位为零，所以，按图 3-33 规定的正方向，有 $\Delta\dot{U} = -Z_S\Delta\dot{I}$，于是，工作电压和故障点电压分别为

$$\left.\begin{aligned}\Delta\dot{U}_{op} &= \Delta\dot{U} - Z_{set}\Delta\dot{I} = -(Z_s + Z_{set})\Delta\dot{I}\\ \Delta\dot{U}_k &= \Delta\dot{U} - Z_k\Delta\dot{I} = -(Z_s + Z_k)\Delta\dot{I}\end{aligned}\right\} \tag{3-75}$$

当故障点 k 在保护范围内，有 $Z_k < Z_{set}$，此时，在短路附加状态的情况下，系统中 S 点到 Y 点的电位分布情况如图 3-34 所示。这样，比较式（3-75）中的 $\Delta\dot{U}_{op}$ 和 $\Delta\dot{U}_k$，可以知道 $|\Delta\dot{U}_{op}| > |\Delta\dot{U}_k|$。

　　2. 故障点 k 在保护范围外

　　工作电压和故障点电压的表达式与式（3-75）一样，由于故障点 k 在保护范围外，有 $Z_k > Z_{set}$，所以，$|\Delta\dot{U}_{op}| < |\Delta\dot{U}_k|$。此时，系统中 S 点到 k 点的电位分布情况如图 3-35 所示。

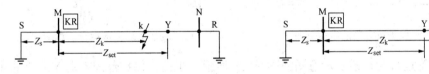

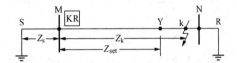

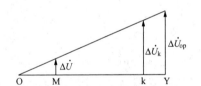

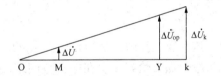

图 3-34　k 点在保护范围内的电压分布图　　　　图 3-35　k 点在保护范围外的电压分布图

　　3. 故障点 k 在保护的反方向

　　当故障点 k 在保护的反方向时，由于电源中性点 S、R 的电位为零，所以，短路附加状态和系统中 R 点到 k 点的电位分布情况如图 3-36 所示。这样，根据短路附加状态，可得工作电压和故障点电压分别为

$$\left.\begin{aligned}\Delta\dot{U}_{op} &= \Delta\dot{U} - Z_{set}\Delta\dot{I} = (Z_R - Z_{set})\Delta\dot{I}\\ \Delta\dot{U}_k &= (Z_R + Z_k)\Delta\dot{I}\end{aligned}\right\} \tag{3-76}$$

　　由于反方向短路时，有 $Z_R + Z_k > Z_R - Z_{set}$，所以，比较式（3-76）中的 $\Delta\dot{U}_{op}$ 和 $\Delta\dot{U}_k$，可以知道 $|\Delta\dot{U}_{op}| < |\Delta\dot{U}_k|$。

　　从上述三种情况的分析可以得出，只有在保护范围内发生短路时，才有 $|\Delta\dot{U}_{op}| > |\Delta\dot{U}_k|$，其余情况均为 $|\Delta\dot{U}_{op}| < |\Delta\dot{U}_k|$。所以，突变量阻抗继电器的动作方程可以确定为

$$|\Delta\dot{U}_{op}| \geqslant |\Delta\dot{U}_k| \tag{3-77}$$

式中　$\Delta\dot{U}_{op}$——工作电压，即补偿电压；

$\Delta\dot{U}_k$——短路点在短路前电压相量的负值。

在式（3-77）动作方程中，$\Delta\dot{U}_{op}$按式（3-74）计算。而短路前，我们根本无法预测故障点的位置，因而也无法知道$\Delta\dot{U}_k$。

为了构成可实现的动作方程，有三种方法可以近似得到$|\Delta\dot{U}_k|$的量值：

（1）用短路前保护范围末端 Y 点的电压实测值$|\dot{U}_Y|$代替$|\Delta\dot{U}_k|$；

（2）用短路前保护安装处的电压实测值$|\dot{U}|$代替$|\Delta\dot{U}_k|$；

（3）用额定电压代替$|\Delta\dot{U}_k|$，如：接地阻抗采用U_n，相间阻抗采用$\sqrt{3}U_n$。

下面仅分析（1）的情况，（2）和（3）两种情况可由读者自行分析。

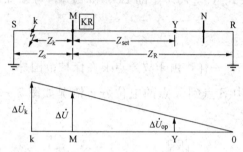

图 3-36　k 点在保护反方向的电压分布图

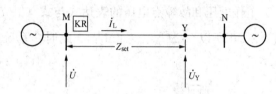

图 3-37　系统正常运行示意图

电力系统正常运行时，系统示意图如图 3-37 所示，于是，保护范围末端 Y 点在正常状态下的电压计算公式为

$$\dot{U}_Y = \dot{U} - Z_{set}\dot{I}_L \tag{3-78}$$

由于这个算式反映的是短路前 Y 点的电压，所以，$\dot{U}_Y$也称为记忆电压。

如果故障点 k 恰好发生在保护范围末端 Y 点处，那么，故障点 k 在短路前的电压也正好就是保护范围末端 Y 点的短路前电压，这样有$|\dot{U}_Y| = |\Delta\dot{U}_k|$，因而，这种代替是准确的，不会对保护范围和灵敏度产生任何影响。

如果故障点 k 发生在保护范围内，那么，保护范围、灵敏度均与系统参数、保护的安装地点有关。图 3-38（a）中，$|\dot{U}_k| > |\dot{U}_Y|$，有利于提高保护的灵敏度；图 3-38（b）的情况，则属于降低了保护的灵敏度。同样的分析可知，如果故障点 k 发生在保护范围以外，则不误动的可靠性可能高一些，也可能低一些。

电力系统正常运行时，由于系统中各点电压的幅值（或有效值）相差不大，所以，用$|\dot{U}_Y|$代替$|\Delta\dot{U}_k|$所带来的误差较小，对保护范围、灵敏度和可靠性的影响也较小。因此，突变量阻抗继电器的实用动作方程为

$$|\Delta\dot{U}_{op}| \geqslant |\dot{U}_Y| \tag{3-79}$$

式中　$\Delta\dot{U}_{op}$——工作电压，即补偿电压；

　　　$\dot{U}_Y$——保护范围末端 Y 点在短路前的电压。

二、正方向短路的动作特性分析

由于突变量的接地阻抗继电器和相间阻抗继电器的分析方法及最后的结论是一样的，所

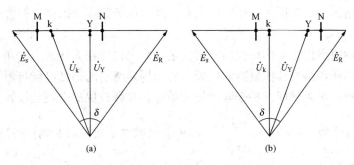

图 3-38 $|\Delta\dot{U}_k|$ 与 $|\dot{U}_Y|$ 的比较

(a) $|\dot{U}_k| > |\dot{U}_Y|$ 的情况；(b) $|\dot{U}_k| < |\dot{U}_Y|$ 的情况

以，动作特性的分析仅以接地阻抗继电器和单相接地的条件为例，同时，仍用式（3-77）作为动作方程。

正方向发生单相接地短路时，短路附加状态如图 3-33 所示，同时，考虑过渡电阻的影响，于是

$$\Delta\dot{U}_{op\phi} = \Delta\dot{U}_\phi - Z_{set}(\Delta\dot{I}_\phi + K \cdot 3\dot{I}_0)$$
$$= -Z_S(\Delta\dot{I}_\phi + K3\dot{I}_0) - Z_{set}(\Delta\dot{I}_\phi + K \cdot 3\dot{I}_0)$$
$$= -(Z_S + Z_{set})(\Delta\dot{I}_\phi + K \cdot 3\dot{I}_0) \tag{3-80}$$

$$\Delta\dot{U}_{k\phi} = -(Z_S + Z_k)(\Delta\dot{I}_\phi + K \cdot 3\dot{I}_0) - R_g\Delta\dot{I}_k$$
$$= -\left(Z_S + Z_k + R_g\frac{\Delta\dot{I}_k}{\Delta\dot{I}_\phi + K3\dot{I}_0}\right)(\Delta\dot{I}_\phi + K \cdot 3\dot{I}_0)$$
$$= -\left(Z_S + Z_k + R_g\frac{1}{C_M}\right)(\Delta\dot{I}_\phi + K \cdot 3\dot{I}_0)$$
$$= -(Z_S + Z_m)(\Delta\dot{I}_\phi + K \cdot 3\dot{I}_0) \tag{3-81}$$

其中

$$C_M = \frac{\Delta\dot{I}_\phi + K \cdot 3\dot{I}_0}{\Delta\dot{I}_k}, \quad Z_m = Z_k + R_g\frac{1}{C_M}$$

式中　　C_M ——M 侧的电流分配系数；

　　　　Z_m ——测量阻抗。

将式（3-80）、式（3-81）代入式（3-77）的动作方程，经简化后，得到阻抗方式的幅值比较动作方程

$$|Z_S + Z_{set}| \geqslant |Z_S + Z_m| \tag{3-82}$$

在阻抗复平面上，该动作方程对应的是一个圆特性，圆内动作。特性的圆心为 $-Z_S$ 矢量、半径为 $|Z_S + Z_{set}|$，正方向的端点仍为 Z_{set}，如图 3-39 所示。

利用幅值比较和相位比较动作方程的互换关系，可以得到相位比较动作方程

$$90° < \arg\frac{Z_m - Z_{set}}{Z_m + 2Z_S + Z_{set}} < 270° \tag{3-83}$$

从动作特性分析，可以对突变量阻抗继电器在正方向短路时的性能做如下评述。

（1）常规的方向阻抗继电器是以 Z_{set} 为直径的圆特性，与之比较，突变量阻抗继电器在

保护范围不变的情况下，保证了＋R方向上有更大的保护范围，因此，保护过渡电阻的能力增强了。

（2）由于坐标原点位于动作特性内，所以正方向出口短路无死区。因而，不必像常规的方向阻抗继电器那样再采取其他复杂的措施，例如用短路前的记忆电压与短路后的电流先做方向判别等。当然，很多常规保护采取的复杂措施，在微机保护中还是较容易实现的。

（3）电流分配系数 $C_M = \dfrac{\Delta \dot{I}_\phi + K 3 \dot{I}_0}{\Delta \dot{I}_k}$ 的角度仅取决于故障点 k 两侧各序阻抗的角度差，而与两侧电动势的相角差 δ、过渡电阻 R_g 的大小无关，所以，C_M 的角度接近于 0°，即 C_M 近似为一个实数，因此，由过渡电阻 R_g 产生的附加阻抗 R_g/C_M 近似于纯阻性。

应当说明，图 3-33 和式（3-82）适用于正方向区内和正方向区外短路的两种情况。

需要指出，图 3-39 所示的动作特性虽然在第三象限有很大的动作区域，但是这不能说明该突变量阻抗继电器没有方向性，因为式（3-82）动作方程是按照正方向短路的条件推导出来的，不能用它来分析反方向短路的情况。

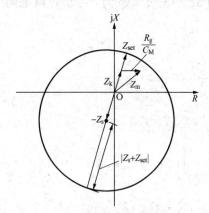

图 3-39　正方向短路的动作特性

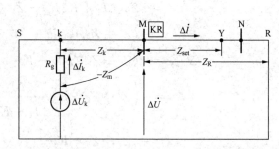

图 3-40　反方向短路的短路附加状态

三、反方向短路的动作特性分析

仍以单相接地时的接地阻抗继电器为例。反方向发生单相接地短路时，短路附加状态如图 3-40 所示。

于是，根据图中标定的方向和参数得

$$\Delta \dot{U}_{op\phi} = \Delta \dot{U}_\phi - Z_{set}(\Delta \dot{I}_\phi + K \cdot 3 \dot{I}_0)$$

$$= Z_R(\Delta \dot{I}_\phi + K \cdot 3 \dot{I}_0) - Z_{set}(\Delta \dot{I}_\phi + K \cdot 3 \dot{I}_0)$$

$$= (Z_R - Z_{set})(\Delta \dot{I}_\phi + K \cdot 3 \dot{I}_0) \tag{3-84}$$

$$\Delta \dot{U}_{k\phi} = (Z_R + Z_K)(\Delta \dot{I}_\phi + K \cdot 3 \dot{I}_0) + R_g \Delta \dot{I}_k$$

$$= \left(Z_R + Z_k + R_g \frac{\Delta \dot{I}_k}{\Delta \dot{I}_\phi + K \cdot 3 \dot{I}_0} \right)(\Delta \dot{I}_\phi + K \cdot 3 \dot{I}_0)$$

$$= \left(Z_R + Z_k + R_g \frac{1}{C_M} \right)(\Delta \dot{I}_\phi + K \cdot 3 \dot{I}_0) \tag{3-85}$$

其中
$$C_M = \frac{\Delta \dot{I}_\phi + K \cdot 3\dot{I}_0}{\Delta \dot{I}_k}$$

式中 C_M ——M 侧的电流分配系数。

由于 $(Z_k + R_g/C_M)$ 部分位于保护的反方向，所以保护感受到的测量阻抗为

$$Z_m = -\left(Z_k + R_g \frac{1}{C_M}\right) \qquad (3-86)$$

将 Z_m 表达式代入式（3-85）得

$$\Delta \dot{U}_{k\phi} = (Z_R - Z_m)(\Delta \dot{I}_\phi + 3\dot{I}_0 K) \qquad (3-87)$$

这样，再将式（3-84）、式（3-87）代入式（3-77）的动作方程，经简化后得到阻抗方式的幅值比较动作方程

$$|Z_R - Z_{set}| \geqslant |Z_m - Z_R| \qquad (3-88)$$

在阻抗复平面上，该动作方程对应的也是一个圆特性，特性的圆心为 Z_R 矢量，半径为 $|Z_R - Z_{set}|$。由于半径 $|Z_R - Z_{set}|$ 小于 $|Z_R|$，所以该特性不包含坐标原点，如图 3-41 所示。

利用幅值比较和相位比较动作方程的互换关系，可以得到相位比较动作方程

$$90° < \arg \frac{Z_m - 2Z_R + Z_{set}}{Z_m - Z_{set}} < 270° \qquad (3-89)$$

在反方向发生短路时，由动作特性可以看出，动作区域远离坐标原点，并向第一象限上方抛出，而反方向短路的测量阻抗 Z_m 却位于第三象限，所以反方向短路时，突变量阻抗继电器不会误动，具有良好的方向性。

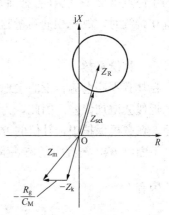

图 3-41 反方向短路的动作特性

应当指出，上述的分析是针对故障相进行的，而对于非故障相，就突变量阻抗测量元件本身来说，有可能会出现误动的情况。下面以 A 相接地短路为例，予以简单分析。

在 A 相接地短路时，有 $\Delta \dot{U}_B \approx \Delta \dot{U}_C \approx 0$ 和 $\Delta \dot{I}_B \approx \Delta \dot{I}_C \approx 0$，所以，B 相突变量阻抗测量元件的动作量为

$$|\Delta \dot{U}_{opB}| = |\Delta \dot{U}_B - Z_{set}(\Delta \dot{I}_B + K \cdot 3\dot{I}_0)| \approx |Z_{zd} \cdot K \cdot 3\dot{I}_0|$$

这样，在 $3\dot{I}_0$ 和 Z_{set} 较大的情况下，有可能出现 $|\Delta \dot{U}_{opB}| \geqslant |\Delta \dot{U}_K|$，满足动作条件，从而导致 B 相（非故障相）阻抗测量元件的误动，其中，$|\Delta \dot{U}_K|$ 近似为额定电压。C 相的情况与此类似。

解决的办法是在阻抗测量元件满足动作条件后，再用选相方法予以确认，以便保证非故障相不误动。也可以采用下一节提出的按相补偿方法予以解决。

3-8 阻抗继电器的补偿系数与按相补偿

目前，阻抗继电器常用的接线方式是相间阻抗 0°接线和具有零序电流补偿的接地阻抗 0°接线。这两种接线方式的电压、电流组合见表 3-6。

表 3 - 6 阻抗元件的常用接线方式

接线方式	0° 接 线			具有零序电流补偿的 0°接线		
继电器	Z_{AB}	Z_{BC}	Z_{CA}	Z_A	Z_B	Z_C
接入量 $\dot{U}_m$	$\dot{U}_A - \dot{U}_B$	$\dot{U}_B - \dot{U}_C$	$\dot{U}_C - \dot{U}_A$	$\dot{U}_A$	$\dot{U}_B$	$\dot{U}_C$
接入量 $\dot{I}_m$	$\dot{I}_A - \dot{I}_B$	$\dot{I}_B - \dot{I}_C$	$\dot{I}_C - \dot{I}_A$	$\dot{I}_A + K \cdot 3\dot{I}_0$	$\dot{I}_B + K \cdot 3\dot{I}_0$	$\dot{I}_C + K \cdot 3\dot{I}_0$

注 零序补偿系数 $K = \dfrac{Z_0 - Z_1}{3Z_1}$。

在电力系统继电保护原理的教材[33]中，均已证明：①在各种相间故障情况下，当采用相间阻抗 0°接线时，与故障相别对应的测量阻抗均能正确地测量从短路点到保护安装地点之间的正序阻抗 $Z_1 l$；②在各种接地故障和三相故障情况下，当采用具有零序电流补偿的接地阻抗 0°接线时，故障相的测量阻抗均能正确地测量从短路点到保护安装地点之间的正序阻抗 $Z_1 l$。

一、补偿系数

在具有零序电流补偿的接地阻抗 0°接线中，补偿系数 K 一般为复数，所以仅用一个实数来近似会增加误差。因此，为了更准确地进行测量，应当将补偿系数 K 按实测的复数来考虑。在微机保护中，补偿的方法通常采用电抗分量补偿系数和电阻分量补偿系数。

下面以 $K_A^{(1)}$ 情况下的 A 相阻抗继电器为例予以推导。

因有

$$Z_A = \frac{\dot{U}_A}{\dot{I}_A + K \cdot 3\dot{I}_0} = Z_1 l$$

上式已在相关继电保护原理的教材中得到了充分的证明。

故有

$$
\begin{aligned}
\dot{U}_A &= Z_1 l (\dot{I}_A + K \cdot 3\dot{I}_0) \\
&= Z_1 l \left(\dot{I}_A + \frac{Z_0 - Z_1}{3Z_1} \cdot 3\dot{I}_0 \right) \\
&= l [Z_1 \dot{I}_A + (Z_0 - Z_1)\dot{I}_0] \\
&= l \{ (R_1 + jX_1)\dot{I}_A + [(R_0 + jX_0) - (R_1 + jX_1)]\dot{I}_0 \} \\
&= l \{ [(R_1 \dot{I}_A + (R_0 - R_1)\dot{I}_0] + j[X_1 \dot{I}_A + (X_0 - X_1)\dot{I}_0] \} \\
&= l \left[R_1 \left(\dot{I}_A + \frac{R_0 - R_1}{3R_1} \cdot 3\dot{I}_0 \right) + jX_1 \left(\dot{I}_A + \frac{X_0 - X_1}{3X_1} \cdot 3\dot{I}_0 \right) \right] \\
&= R_1 l (\dot{I}_A + K_r 3\dot{I}_0) + jX_1 l (\dot{I}_A + K_x \cdot 3\dot{I}_0) \qquad (3 - 90)
\end{aligned}
$$

其中

$$K_r = \frac{R_0 - R_1}{3R_1}, \quad K_x = \frac{X_0 - X_1}{3X_1} = \frac{L_0 - L_1}{3L_1}$$

式中　K_r——电阻分量的补偿系数；

　　　K_x——电抗分量的补偿系数；

R_1、X_1——分别为每公里的正序电阻和正序电抗；

　　　l——短路点到保护安装处的距离，km。

这样，微机保护可以通过傅里叶算法或 R-L 模型算法等各种手段，利用采样值求出式

（3 - 90）中的未知数 $R_1 l$ 和 $X_1 l$，从而实现故障相接地阻抗的准确测量。

二、按相补偿方法

在微机保护的研究和应用过程中，已经逐渐将保护装置当作一个"系统"来设计，基本上是将所有模拟量引入到同一装置中，由同一装置完成多种保护的功能。在这种情况下，保护的设计应该跳出"单个继电器"的概念和范畴，从"系统"的角度出发，充分利用微型机的各种功能、记忆、速度和性能等优势，综合考虑各种判据的应用条件、运行工况和所有的接入信号等各种信息，保证投入使用的判据、元件能够综合各种信息，并正确地工作在可靠、合理的范畴。

在非微机化的保护设备中，接线方式考虑的是"单个继电器"的电压、电流引入方法，并且主要考虑了故障相的准确测量，但是并没有从接线方式上兼顾非故障相的防误动问题。下面介绍一种距离保护在综合利用信息后，获得了接地距离的按相补偿接线方式，既保证了故障相阻抗的正确测量，又兼顾了非故障相的防误动问题，具备了一定的选相功能。

传统的具有零序电流补偿的接地阻抗 0°接线方式，在 A 相金属性单相接地短路时，对于故障相 A 相，阻抗元件能够准确测量从短路点到保护安装地点之间的正序阻抗。对于非故障相，在某些特殊情况下，可能会造成测量元件误动。在忽略非故障相的测量电流时，非故障相 B 相的测量阻抗为

$$Z_B = \frac{\dot{U}_B}{\dot{I}_B + K \cdot 3\dot{I}_0} \approx \frac{\dot{U}_B}{K \cdot 3\dot{I}_0} \qquad (3 - 91)$$

在 A 相接地短路时，$\dot{U}_B$ 变化不大，于是，$3I_0$ 越大就会导致 Z_B 的绝对值越小，从而可能引起 Z_B 误动。C 相的测量阻抗与此类似。

1. 接地阻抗的按相补偿接线

分析式（3 - 91）可以看出，如果减小 $3I_0$ 的影响，则可以有效地提高非故障相的安全性。在综合考虑接入的全部电流信号后，一种新的按相补偿接地阻抗测量方法如下

$$Z_\phi = \frac{\dot{U}_\phi}{\dot{I}_\phi + m_\phi K \cdot 3\dot{I}_0} \qquad (3 - 92)$$

其中
$$m_\phi = \frac{\Delta I_\phi}{\Delta I_{max}}$$

式中　m_ϕ——按相补偿的修正系数（ΔI_ϕ 为相电流的故障分量，$\Delta I_{max} = \max \{\Delta I_A, \Delta I_B, \Delta I_C\}$）；

　　　ϕ——分别为 A、B、C。

下面分析引入按相补偿以后，各接地阻抗继电器的测量阻抗。仍以 $k_A^{(1)}$ 为例，相量图如图 3 - 11 所示。

对于故障相 A 相，由于 $\Delta I_{max} = \Delta I_A$，所以 $m_A = \frac{\Delta I_A}{\Delta I_{max}} = \frac{\Delta I_A}{\Delta I_A} = 1$，接线方式、测量阻抗仍与式（3 - 90）一致，对测量阻抗没有任何影响，保证了故障相阻抗测量的准确性。

对于非故障相 B 相，有 $m_B = \frac{\Delta I_B}{\Delta I_{max}} = \frac{\Delta I_B}{\Delta I_A}$，所以

$$Z_B = \frac{\dot{U}_B}{\dot{I}_B + m_B K \cdot 3\dot{I}_0}$$

$$\approx \frac{\dot{U}_B}{m_B K \cdot 3\dot{I}_0} \tag{3-93}$$

$$= \left(\frac{\Delta I_A}{\Delta I_B}\right)\frac{\dot{U}_B}{K \cdot 3\dot{I}_0}$$

对于大部分的接地故障，有 $\Delta I_B \ll \Delta I_A$，于是 $m_B = \left|\frac{\Delta I_B}{\Delta I_{max}}\right| = \left|\frac{\Delta I_B}{\Delta I_A}\right|$ 的数值很小，即 $\frac{1}{m_B} = \frac{\Delta I_A}{\Delta I_B}$ 的数值很大。因此，在忽略 I_B 的情况下，测量阻抗被放大到式（3-91）的 $\frac{\Delta I_A}{\Delta I_B}$ 倍，这样，非故障相阻抗元件不容易误动作，十分有利于提高非故障相的安全性。C 相测量阻抗的情况与 B 相类似。

当然，接线方式也可以采用下面两种方法实现按相补偿。

1）式（3-92）中，取 $m_\phi = \left(\frac{\Delta I_\phi}{\Delta I_{max}}\right)^n, n > 1$。

2）接线方式为 $Z_\phi = \frac{\dot{U}_\phi}{m_\phi(\dot{I}_\phi + K \cdot 3\dot{I}_0)}$。

应当指出，各种接地短路情况下，故障相的阻抗继电器不受按相补偿修正系数的影响。另外，对于非故障相，由于 m_ϕ 的值只可能在 $0 \sim 1$ 之间，所以引入按相补偿后，只可能带来有利的效果，而不会对阻抗继电器的动作行为产生负面影响。

2. 非故障相阻抗特性的影响分析

在各种短路情况下，按相补偿方式对非故障相阻抗特性的影响分析如下，分析中近似认为正序分配系数等于负序分配系数。

单相接地短路（以 $k_A^{(1)}$ 为例）。在保护安装处有

$$\left.\begin{array}{l} \dot{I}_A = \dot{I}_1 + \dot{I}_2 + \dot{I}_0 = C_1 \dot{I}_{1k} + C_2 \dot{I}_{2k} + C_0 \dot{I}_{0k} \\ \dot{I}_B = a^2 \dot{I}_1 + a\dot{I}_2 + \dot{I}_0 = a^2 C_1 \dot{I}_{1k} + aC_2 \dot{I}_{2k} + C_0 \dot{I}_{0k} \\ \dot{I}_C = a\dot{I}_1 + a^2 \dot{I}_2 + \dot{I}_0 = aC_1 \dot{I}_{1k} + a^2 C_2 \dot{I}_{2k} + C_0 \dot{I}_{0k} \end{array}\right\} \tag{3-94}$$

式中　$\dot{I}_A$、$\dot{I}_B$、$\dot{I}_C$ ——保护安装地点的三相测量电流；

　　　　$\dot{I}_1$、$\dot{I}_2$、$\dot{I}_0$ ——保护安装地点的测量电流序分量；

　　$\dot{I}_{1k}$、$\dot{I}_{2k}$、$\dot{I}_{0k}$ ——故障支路的电流序分量；

　　　　C_1、C_2、C_0 ——保护安装地点的序分量分配系数。

A 相接地时，A 相为特殊相，故障支路存在 $\dot{I}_{1k} = \dot{I}_{2k} = \dot{I}_{0k}$，代入式（3-94），得

$$\left.\begin{array}{l} \dot{I}_A = (2C_1 + C_0)\dot{I}_{0k} \\ \dot{I}_B = (C_0 - C_1)\dot{I}_{0k} \\ \dot{I}_C = (C_0 - C_1)\dot{I}_{0k} \end{array}\right\} \tag{3-95}$$

因此，有

$$m_B = m_C = \left| \frac{\dot{I}_B}{\dot{I}_A} \right| = \left| \frac{(C_0 - C_1)I_{0k}}{(2C_1 + C_0)I_{0k}} \right| = \left| \frac{C_0 - C_1}{2C_1 + C_0} \right| = \left| \frac{\frac{C_0}{C_1} - 1}{2 + \frac{C_0}{C_1}} \right| \qquad (3\text{-}96)$$

式（3-96）考虑了 $\frac{C_0}{C_1}$ 的各种情况。依据式 (3-96)，画出 m_B、m_C 与 $\frac{C_0}{C_1}$ 的关系曲线，如图 3-42所示。由图可知，在 $\frac{C_0}{C_1}$ 的较大变化范围内，按相补偿均有很好的效果。

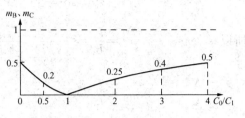

图 3-42　$k_A^{(1)}$ 时，m_B、m_C 与 C_0/C_1 的关系曲线

下面是两种特殊的情况。

1）当 $C_1 = C_0$ 时，$m_B = m_C = 0$，按相补偿效果最好。

2）在弱馈情况下，弱馈侧有 $C_1 \approx 0$，即 $\frac{C_0}{C_1} \to \infty$，此时，$m_B = m_C \approx 1$，接线方式与原接线方式一样。

3. 两相接地短路（以 $k_{BC}^{(1,1)}$ 为例）

BC 两相接地时，A 相为特殊相，故障支路存在 $\dot{I}_{1k} + \dot{I}_{2k} + \dot{I}_{0k} = 0$，并且有

$$\left. \begin{array}{l} \dot{I}_{2k} = -\dfrac{Z_{0\Sigma}}{Z_{0\Sigma} + Z_{2\Sigma}} \dot{I}_{1k} \\[3mm] \dot{I}_{0k} = -\dfrac{Z_{2\Sigma}}{Z_{0\Sigma} + Z_{2\Sigma}} \dot{I}_{1k} \end{array} \right\}$$

式中　$Z_{2\Sigma}$、$Z_{0\Sigma}$——分别为负序、零序的综合阻抗。

于是

$$\dot{I}_A = C_1 \dot{I}_{1k} + C_2 \dot{I}_{2k} + C_0 \dot{I}_{0k} = (C_0 - C_1)\dot{I}_{0k} \qquad (3\text{-}97)$$

$$\begin{aligned} \dot{I}_B &= a^2 C_1 \dot{I}_{1k} + a C_2 \dot{I}_{2k} + C_0 \dot{I}_{0k} \\ &= \left[a^2 C_1 \left(-\frac{Z_{0\Sigma} + Z_{2\Sigma}}{Z_{2\Sigma}} \right) + a C_2 \left(\frac{Z_{0\Sigma}}{Z_{2\Sigma}} \right) + C_0 \right] \dot{I}_{0k} \\ &= \left[a^2 C_1 \left(-\frac{Z_{0\Sigma} + Z_{2\Sigma}}{Z_{2\Sigma}} \right) + a C_1 \left(\frac{Z_{0\Sigma}}{Z_{2\Sigma}} \right) + C_0 \right] \dot{I}_{0k} \\ &= \left[C_1 \left(-a^2 + \mathrm{j}\sqrt{3}\, \frac{Z_{0\Sigma}}{Z_{2\Sigma}} \right) + C_0 \right] \dot{I}_{0k} \qquad (3\text{-}98) \end{aligned}$$

$$\begin{aligned} \dot{I}_C &= a C_1 \dot{I}_{1k} + a^2 C_2 \dot{I}_{2k} + C_0 \dot{I}_{0k} \\ &= \left[a C_1 \left(-\frac{Z_{0\Sigma} + Z_{2\Sigma}}{Z_{2\Sigma}} \right) + a^2 C_2 \left(\frac{Z_{0\Sigma}}{Z_{2\Sigma}} \right) + C_0 \right] \dot{I}_{0k} \\ &= \left[a C_1 \left(-\frac{Z_{0\Sigma} + Z_{2\Sigma}}{Z_{2\Sigma}} \right) + a^2 C_1 \left(\frac{Z_{0\Sigma}}{Z_{2\Sigma}} \right) + C_0 \right] \dot{I}_{0k} \\ &= \left[C_1 \left(-a - \mathrm{j}\sqrt{3}\, \frac{Z_{0\Sigma}}{Z_{2\Sigma}} \right) + C_0 \right] \dot{I}_{0k} \qquad (3\text{-}99) \end{aligned}$$

式（3-98）、式（3-99）中，$\left(-a^2 + \mathrm{j}\sqrt{3}\, \dfrac{Z_{0\Sigma}}{Z_{2\Sigma}} \right)$ 与 $\left(-a - \mathrm{j}\sqrt{3}\, \dfrac{Z_{0\Sigma}}{Z_{2\Sigma}} \right)$ 的相量关系如图 3-43 所

示，由图可以知道，金属性短路时，无论 $\dfrac{Z_{0\Sigma}}{Z_{2\Sigma}}$ 为任何值，均有

$$\left| -a^2 + \mathrm{j}\sqrt{3}\,\dfrac{Z_{0\Sigma}}{Z_{2\Sigma}} \right| = \left| -a - \mathrm{j}\sqrt{3}\,\dfrac{Z_{0\Sigma}}{Z_{2\Sigma}} \right| \geqslant 1$$

所以
$$m_{\mathrm{A}} = \dfrac{I_{\mathrm{A}}}{I_{\mathrm{B}}} = \left| \dfrac{C_0 - C_1}{C_1\left(-a^2 + \mathrm{j}\sqrt{3}\,\dfrac{Z_{0\Sigma}}{Z_{2\Sigma}}\right) + C_0} \right| \leqslant \left| \dfrac{\dfrac{C_0}{C_1} - 1}{-a^2 + \dfrac{C_0}{C_1}} \right|$$

$$m_{\mathrm{B}} = \dfrac{I_{\mathrm{B}}}{I_{\mathrm{B}}} = 1 \tag{3-100}$$

$$m_{\mathrm{C}} = \dfrac{I_{\mathrm{C}}}{I_{\mathrm{B}}} = \left| \dfrac{C_1\left(-a - \mathrm{j}\sqrt{3}\,\dfrac{Z_{0\Sigma}}{Z_{2\Sigma}}\right) + C_0}{C_1\left(-a^2 + \mathrm{j}\sqrt{3}\,\dfrac{Z_{0\Sigma}}{Z_{2\Sigma}}\right) + C_0} \right| = 1$$

式中，取 $I_{\max} = I_{\mathrm{B}}$。实际上，取 $I_{\max} = I_{\mathrm{C}}$ 时，分析结果是一致的。

同样，式 (3-100) 考虑了 $\dfrac{C_0}{C_1}$ 的各种情况。依据式 (3-100)，画出 m_{A} 与 $\dfrac{C_0}{C_1}$ 的关系曲线，如图 3-44 所示。由图可知，在 $\dfrac{C_0}{C_1}$ 的较大变化范围内，按相补偿均有很好的效果。

下面是三种特殊的情况。

1）当 $C_1 = C_0$ 时，$m_{\mathrm{A}} = 0$，按相补偿效果最好。

2）在弱馈情况下，有 $C_1 \approx 0$，即 $\dfrac{C_0}{C_1} \rightarrow \infty$，此时，$m_{\mathrm{A}} \approx 1$，接线方式与原接线方式一样。

3）当 $\dfrac{C_0}{C_1} = 0$ 时，表明保护安装处没有零序电流，此时，$m_{\mathrm{A}} \approx 1$，接线方式与原接线方式一样。

4. 三相短路和两相相间短路

由于短路时，不存在 $3I_0$ 分量，所以，式 (3-92) 相当于没有进行按相补偿，接线方式不变，阻抗测量与原有接线方式的测量值一样，没有任何影响。

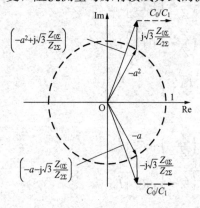

图 3-43　$\left(-a^2 + \mathrm{j}\sqrt{3}\,\dfrac{Z_{0\Sigma}}{Z_{2\Sigma}}\right)$ 与 $\left(-a - \mathrm{j}\sqrt{3}\,\dfrac{Z_{0\Sigma}}{Z_{2\Sigma}}\right)$ 的相量关系图

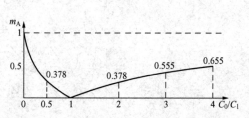

图 3-44　$k_{\mathrm{BC}}^{(1,1)}$ 时，m_{A} 与 C_0/C_1 的关系曲线

3-9   减小过渡电阻影响的方法

一、过渡电阻的影响

当短路点存在过渡电阻时，必然使距离保护的测量阻抗发生变化，阻抗的测量值不能准确反映短路点到保护安装地点之间的正序阻抗，可能导致保护的超范围，或反方向误动，或造成出口故障时的拒动。一般来说，过渡电阻对不同安装地点的保护，其影响是不同的。短路点距离保护安装处越远，则过渡电阻的影响越小，反之影响越大。

对单电源线路，短路点的过渡电阻总是使距离保护的测量阻抗增大，使保护范围缩短。在某些情况下，可能导致保护无选择性动作。

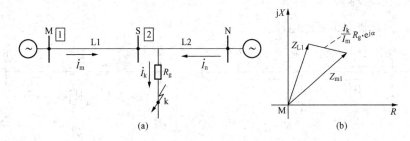

图 3-45   双电源线路的过渡电阻影响

对双电源线路，短路点的过渡电阻可能使测量阻抗增大，也可能使测量阻抗减小。如图 3-45 所示的双电源线路，在线路 SN 的始端经过渡电阻 R_g 短路时，设 $\dot{I}_m$ 和 $\dot{I}_n$ 分别为两侧电源供给的短路电流，此时，流经过渡电阻 R_g 的电流为 $\dot{I}_k = \dot{I}_m + \dot{I}_n$，于是，保护 1 和保护 2 的测量阻抗分别为

$$Z_{m1} = \frac{\dot{U}_A}{\dot{I}_m} = \frac{\dot{I}_m Z_{L1} + \dot{I}_k R_g}{\dot{I}_m} = Z_{L1} + \frac{I_k}{I_m} R_g e^{j\alpha} \tag{3-101}$$

$$Z_{m2} = \frac{\dot{U}_B}{\dot{I}_m} = \frac{\dot{I}_k R_g}{\dot{I}_m} = \frac{I_k}{I_m} R_g e^{j\alpha} \tag{3-102}$$

式中，α 表示 $\dot{I}_k$ 超前 $\dot{I}_m$ 的角度。当 α 为正时，测量阻抗的电抗部分增大；当 α 为负时，测量阻抗的电抗部分减小。显然，过渡电阻将影响距离保护的动作行为。

在国内动态模拟试验中，为了考核保护设备的抗过渡电阻能力，对 330～500kV 线路，接地短路的最大过渡电阻按 300Ω 考虑；对 220kV 线路按 100Ω 考虑。实际上，最根本的考核目的是对于 110kV 以上的系统，当短路点的电流达到 1kA 时，要求继电保护应当动作于跳闸。应当说，在高阻接地的短路电流为 1kA 左右时，目前主要依靠零序电流保护来切除故障。

二、减小过渡电阻影响的对策

下面以单相经过渡电阻接地故障为例，说明减小过渡电阻影响的对策。

如图 3-46（a）所示，在线路上发生单相经过渡电阻接地故障时，故障支路有 $\dot{I}_k =$

$3\dot{I}_{0k}$，于是，得到保护 1 安装处各电气量的关系式

$$\dot{U}_{m} = Z_{1}\dot{I}_{m} + R_{g}(\dot{I}_{m} + \dot{I}_{n})$$

$$= Z_{1}\dot{I}_{m} + R_{g}\dot{I}_{k}$$

$$= Z_{1}\dot{I}_{m} + R_{g}3\dot{I}_{0k} \qquad (3-103)$$

式中 $\dot{U}_{m}$——保护安装处的测量电压；

$\dot{I}_{m}$——按接线方式得到的保护安装处测量电流；

Z_{1}——短路点到保护安装处的正序阻抗；

R_{g}——过渡电阻；

$\dot{I}_{k}$——故障支路的电流；

$\dot{I}_{0k}$——故障支路的零序电流。

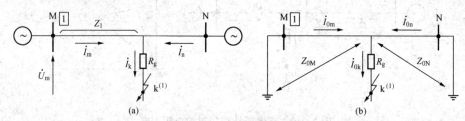

图 3-46　线路经 R_{g} 短路及零序网络示意图

(a) 线路经过渡电阻短路；(b) 零序网络示意图

对于线路两侧能够交换测量信息的保护设备（如光纤保护），可以得到两侧电流的测量值 $(\dot{I}_{m} + \dot{I}_{n})$，于是，式（3-103）中只有 Z_{1} 和 R_{g} 为未知数，从而可以计算出 Z_{1}，达到了距离保护不受过渡电阻影响的目的。

对于单侧电气量的保护，由于保护 1 安装处无法得到 $(\dot{I}_{m} + \dot{I}_{n})$ 或 $\dot{I}_{0k}$，因此，再分析图 3-46 (b) 的零序网络结构，有

$$\dot{I}_{0m} = \frac{Z_{0N}}{Z_{0M} + Z_{0N}}\dot{I}_{0k} = \dot{C}_{0M}\dot{I}_{0k} \qquad (3-104)$$

其中

$$\dot{C}_{0M} = \frac{Z_{0N}}{Z_{0M} + Z_{0N}}$$

式中 $\dot{C}_{0M}$——M 侧的零序分配系数。

在系统结构不发生变化的情况下，$\dot{C}_{0M}$ 只与短路点的位置有关。由于 $\dot{C}_{0M}$ 的角度较小，一般小于 5°，可以近似当作常数 C_{0M} 对待，因此，将式（3-104）代入式（3-103），得

$$\dot{U}_{m} = Z_{1}\dot{I}_{m} + R_{g}\frac{1}{\dot{C}_{0M}} \cdot 3\dot{I}_{0m}$$

$$\approx Z_{1}\dot{I}_{m} + R_{g}\frac{1}{C_{0M}} \cdot 3\dot{I}_{0m}$$

$$= Z_{1}\dot{I}_{m} + R'_{g}3\dot{I}_{0m}$$

$$= (R_{1} + jX_{1})\dot{I}_{m} + R'_{g} \cdot 3\dot{I}_{0m}$$

$$= X_1 \left(\frac{R_1}{X_1} + j1 \right) \dot{I}_m + R'_g \cdot 3\dot{I}_{0m}$$

$$= X_1(A+j1)\dot{I}_m + R'_g \cdot 3\dot{I}_{0m} \tag{3-105}$$

式（3-105）中，用到了 $R'_g = \frac{R_g}{C_{0M}}$ 和 $A = \frac{R_1}{X_1}$。这是考虑到：①R_g 和 C_{0M} 均为未知数，在短路初期，R_g 变化不大，可以将二者合并为一个未知数 R'_g；②对于输电线路，$A = \frac{R_1}{X_1}$ 是单位长度（或线路全长）的正序电阻与正序电抗的比值，该参数为事先能够得到的已知常数，可以作为定值项存入微型机中。这样，式（3-105）就变成只有两个未知数 X_1 和 R'_g 了。于是，在保护安装处，可以利用测量到的电压、电流信号应用傅氏算法或其他算法，将式（3-105）的实部与虚部分解出来，联立出两个独立的方程，从而求出短路点到保护安装处的正序阻抗 X_1 和 R'_g。其中，X_1 反映了故障点的远近，而 R'_g 是过渡电阻值除以 M 侧的零序分配系数。

由推导和分析过程可以看出，这种方法有效地降低了过渡电阻对 X_1 的影响，使得距离保护受过渡电阻的影响大大降低了。

考虑到 $X_1 = \omega L_1$，且正弦信号经微分后角度超前了 90°。于是，以 A 相接地故障为例，将式（3-105）写成 R-L 模型算法的求解形式，同样可以实现距离保护的测量，得

$$u_a = R_1(i_a + K_r \cdot 3i_0) + L_1 \frac{d}{dt}(i_a + K_x \cdot 3i_0) + 3i_0 R'_g$$

$$= L_1 \left[\frac{R_1}{L_1}(i_a + K_r \cdot 3i_0) + \frac{d}{dt}(i_a + K_x \cdot 3i_0) \right] + 3i_0 R'_g$$

$$= L_1 \left[\omega_1 A(i_a + K_r \cdot 3i_0) + \frac{d}{dt}(i_a + K_x \cdot 3i_0) \right] + 3i_0 R'_g \tag{3-106}$$

式（3-106）中，各电压、电流量均为时间 t 的函数，为了简便起见，公式中未写出变量 t。因此，可以在两个不同的时刻 t_1 和 t_2，分别测量电压、电流，并计算出电流的微分，得到两个独立的方程（参照 3-6 节），求解出 L_1（对应于 X_1）和 R'_g。

3-10 最小二乘方算法[28]

这种算法是将输入的暂态电气量与一个预设的含有非周期分量及某些谐波分量的函数按最小二乘方（或称最小平方误差）的原理进行拟合，使被处理的函数与预设函数尽可能逼近，其总方差 E^2 或最小均方差 E_{min}/N 为最小，从而可求出输入信号中的基频及各种暂态分量的幅值和相角。应用最小二乘方原理的微机保护算法的文献不少，但均类似，这里仅介绍其中的一种。

首先假定在故障时，输入暂态电流、电压中包含有非周期分量及小于 5 次谐波的各整次倍的谐波。这样，以电流为例，可以将一预设的电流时间函数取为

$$i(t) = p_0 e^{-\lambda t} + \sum_{k=1}^{5} p_k \sin(k\omega_1 t + \theta_k) \quad (k = 1,2,3,4,5) \tag{3-107}$$

式中 p_0——$t=0$ 时直流分量值；

p_k——第 k 次谐波分量的幅值；

λ——等于 $\frac{1}{\tau}$，τ 为直流分量的衰减时间常数；

θ_k——第 k 次谐波的相角；

ω_1——基波角频率。

此外，式中的 $e^{-\lambda t}$ 可用台劳级数展开为

$$e^{-\lambda t} = 1 - \lambda t + \frac{1}{2!}(\lambda t)^2 - \frac{1}{3!}(\lambda t)^3 + \cdots$$

取前两项表示 $e^{-\lambda t}$ $\left[\text{其误差小于} \frac{1}{2!}(\lambda t)^2\right]$，代入式（3-107），并将式中的正弦项展开，则得出

$$i(t) = p_0 - P_0\lambda t + \sum_{k=1}^{5} p_k \sin(k\omega_1 t)\cos\theta_k + \sum_{k=1}^{5} p_k \cos(k\omega_1 t)\sin\theta_k$$

对于 $i(t)$ 来说，每一个采样值都应满足上式。如果取得 $i(t)$ 的 N 点采样值 $i(t_1), i(t_2), \cdots, i(t_N)$，就可以得到 N 个方程，用矩阵表示为

$$\begin{vmatrix} 1 & t_1 & \sin\omega_1 t_1 & \cos\omega_1 t_1 & \cdots & \sin5\omega_1 t_1 & \cos5\omega_1 t_1 \\ 1 & t_2 & \sin\omega_1 t_2 & \cos\omega_1 t_2 & \cdots & \sin5\omega_1 t_2 & \cos5\omega_1 t_2 \\ \vdots & \vdots & \vdots & \vdots & \vdots & \vdots & \vdots \\ 1 & t_N & \sin\omega_1 t_N & \cos\omega_1 t_N & \cdots & \sin5\omega_1 t_N & \cos5\omega_1 t_N \end{vmatrix} \times \begin{vmatrix} p_0 \\ -p_0\lambda \\ p_1\cos\theta_1 \\ p_1\sin\theta_1 \\ \vdots \\ p_5\cos\theta_5 \\ p_5\sin\theta_5 \end{vmatrix} = \begin{vmatrix} i(t_1) \\ i(t_2) \\ \vdots \\ i(t_N) \end{vmatrix}$$

$$(3-108)$$

如果用 $\boldsymbol{X}$ 表示由 p_0，$-p_0\lambda$，$p_1\cos\theta_1$，$p_1\sin\theta_1$，$\cdots$，$p_5\cos\theta_5$ 和 $p_5\sin\theta_5$ 共 12 个未知数组成的矩阵；用 $\boldsymbol{B}$ 表示 $i(t_1), i(t_2), \cdots, i(t_N)$ 共 N 个采样值组成的参变数矩阵；用 $\boldsymbol{A}$ 表示式（3-108）左侧第一个常系数矩阵，$\boldsymbol{A}$ 的各元素只要参考时间和采样率确定了，即可离线地算出来，并事先存入程序中。这样，由 12 个未知数组成的 N 个方程式又可以用以下矩阵形式表示

$$\underset{N\times12}{\boldsymbol{A}}\ \underset{12\times1}{\boldsymbol{X}} = \underset{N\times1}{\boldsymbol{B}} \qquad (3-109)$$

方程式（3-109）中，因未知数为 12，所以，至少需要 12 个采样值，即 $N \geqslant 12$。如取 $N = 12$，则 $\boldsymbol{A}$ 为常数方矩阵，将式（3-109）两边左乘 $\boldsymbol{A}^{-1}$，就可以求解出未知数矩阵 $\boldsymbol{X}$，即

$$\underset{12\times1}{\boldsymbol{X}} = \underset{N\times12}{\boldsymbol{A}^{-1}}\ \underset{N\times1}{\boldsymbol{B}} \qquad (3-110)$$

在应用中，一般常取 $N > 12$，以便扩大数据窗，增大 $\boldsymbol{B}$ 的规模，以改善精确度。这时，$\boldsymbol{A}$ 已不再是方阵，则式（3-109）可以利用伪逆矩阵的方法，得出未知数的解如下

$$\underset{12\times1}{\boldsymbol{X}} = \underset{12\times N}{\boldsymbol{A}^+}\ \underset{N\times1}{\boldsymbol{B}} \qquad (3-111)$$

式中，$\boldsymbol{A}^+$ 是 $\boldsymbol{A}$ 的伪逆矩阵，即

$$\boldsymbol{A}^+ = \{\boldsymbol{A}^T \cdot \boldsymbol{A}\}^{-1} \cdot \boldsymbol{A}^T$$

根据式（3-111）即可求出 $\boldsymbol{X}$ 相量中的所有元素。但通常在实际应用中，往往并不需要计算所有的未知数。例如，对采用二次谐波制动原理的变压器差动保护，就只要求计算出电流中的基波和二次谐波，因此只需计算 $\boldsymbol{A}^+$ 的第 3、4、5、6 行，再乘 $\boldsymbol{B}$，即可得出 $p_1\cos\theta_1$、

$p_1\sin\theta_1$、$p_2\cos\theta_2$、$p_2\sin\theta_2$，于是，基波和二次谐波的幅值就可算出为

$$p_i = (p_i^2\cos^2\theta_i + p_i^2\sin^2\theta_i)^{\frac{1}{2}}, \quad i=1,\ 2$$

当应用于阻抗计算时，可以将 X 以电压和电流代入，分别计算 $\boldsymbol{A}^+$ 的 3、4 行，再乘 $\boldsymbol{B}$，即可求出电流、电压的幅值为

$$U_m = \sqrt{X_{3U}^2 + X_{4U}^2}, \quad (X_{3U}=U_m\cos\theta_{3U},\ X_{4U}=U_m\sin\theta_{4U})$$

$$I_m = \sqrt{X_{3I}^2 + X_{4I}^2}, \quad (X_{3I}=I_m\cos\theta_{3I},\ X_{4I}=I_m\sin\theta_{4I})$$

从而求出保护安装处至短路点的阻抗为

$$\left.\begin{aligned} R &= \mathrm{Re}\left[\frac{\dot{U}}{\dot{I}}\right] = \frac{X_{3U}X_{3I} + X_{4U}X_{4I}}{X_{3I}^2 + X_{4I}^2} \\[2mm] X &= \mathrm{Im}\left[\frac{\dot{U}}{\dot{I}}\right] = \frac{X_{4U}X_{3I} - X_{3U}X_{4I}}{X_{3I}^2 + X_{4I}^2} \end{aligned}\right\} \tag{3-112}$$

概括起来，这种算法有以下两个特点。

（1）可以任意选择拟合预设函数的模型，从而显示出以下 1）和 2）的优点。

1）可以消除输入信号中任意需要消除的暂态分量（包括衰减的直流分量和各种整次，甚至分次谐波分量），而这只需在预设模型中包括这些分量即可。因而使这种算法可能获得很好的滤波性能和很高的精确度。很显然，预设的模型越复杂，则计算时间也越长，因而在实用中还需在精确度和速度之间仔细权衡。

2）可以利用一个预设模型的拟合，同时计算出输入信号中各种所需计算的分量。如在变压器差动保护中，不仅需要计算出基波分量的大小，有时还需计算出二次谐波（作为涌流制动用）、五次谐波（作为过励磁制动用）的大小等。

（2）算法的精确度、计算时间与采样率、数据窗的大小、时间参考点的合理选择有密切关系。一般使预设的 $\boldsymbol{A}^+$ 矩阵中的元素具有对称性，并使噪声放大系数最小，这样可以节省运算次数和使计算误差减小。

3-11 算法的动态特性

针对继电保护的功能来说，前面介绍过的所有算法，要获得准确的计算结果，所依据的原始数据都应该是故障后的输入电流和电压。对于与 FIR 数字滤波器配合应用的算法，则滤波器和算法所需要的总数据窗都应当取故障后的数据，如同前面介绍的用 Tukey 低通滤波器和 R－L 模型算法配合的情况。

很多微机保护都设有根据突变量原理实现的启动元件，这样，当算法配合 FIR 数字滤波器时，计算可以仅在启动元件检出系统有故障后才进行；并且，由于启动元件可以准确地判断故障发生的时刻，因而算法只要进行一次或为提高可靠性再进行一次复算校核。可以根据启动元件指出的发生故障时刻，全部取用故障后的原始采样数据进行计算。在有些场合，如果没有启动元件，例如有些国家的距离保护不要求装设振荡闭锁，这时，则要求微型机在正常时不断地进行阻抗计算。如果采用 FIR 数字滤波器，则在数据采集系统每提供一次采样时刻的电压、电流采样值时，利用这一点采样和数据窗（包括滤波器和算法要求的）所要求的前若干点采样值进行一次阻抗计算，如图 3-47 所示。图中，假定在 $n=0$ 时发生短路，

并假定算法所要求的总数据窗为 9 点，因而有以下结论。

1）在 $n=0$ 以前，是利用短路前的电压和电流进行计算的，算出的阻抗值是负荷阻抗。

2）在 $n=0\sim9$ 的时间内，计算用的电压和电流中，一部分是故障前的信号，另一部分是故障后的信号，因而计算得出的阻抗值介于负荷阻抗和短路阻抗之间。

3）在 $n=9$ 以后，计算用的数据窗都落在故障后，因而算出的是短路阻抗。

本节所要讨论的是在 $n=0\sim9$ 期间，部分利用故障前的数据、部分利用故障后的数据计算得到的阻抗值是否一定从负荷阻抗单调下降？这称为算法的动态特性。

如果一定是单调下降的（如图 3-47 所示），则在 $n=5$ 时，计算值已低于整定值，就可以立即跳闸。反之，如果算法的动态特性不是单调下降的，而是如图 3-48 所示，在 $n=0\sim9$ 期间的计算值中，有的可能比实际的短路阻抗还要低，则在有一次计算值低于整定值时就会跳闸，这将导致误动作。如图 3-48 所示，实际的短路阻抗并不在Ⅰ段范围内。

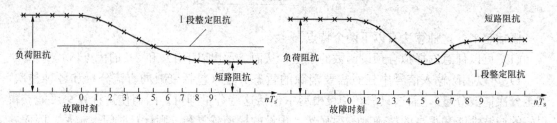

图 3-47　单调下降的阻抗动态特性　　　图 3-48　非单调下降的阻抗动态特性

显然，希望算法的动态特性是单调下降的，这样只要不断地进行阻抗计算，就可以使Ⅰ段的动作时间略有反时限特性，可加快切除近处短路。尤其是长数据窗的算法，如全周傅氏算法，人们更希望利用这种反时限特性来缩短近处故障的切除时间。研究算法的动态特性的意义就在于此。另外，如果算法采用递归滤波器，这种滤波器必须在正常时不断进行滤波计算，而滤波器又是无限冲激响应的，所以，即使阻抗计算仅在启动元件动作后进行，但由于算法所依据的原始数据是 IIR 递归滤波器的输出，要经过一个相当长的时间后，计算值才能稳定为短路阻抗，所以也有研究算法的动态特性的必要。

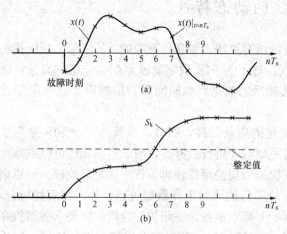

图 3-49　单一电气量的单调上升特性
(a) 单一电气量；(b) 单调上升特性

关于算法的动态特性，目前研究得还很少，参考文献［29］对傅里叶算法的动态特性进行了一些研究，得到的结论是在动态过程中，其阻抗值不是单调下降的，而是和许多因素有关。因此，要想利用动态过程来缩短动作时间必须十分小心，不能在有一次计算值低于定值时就去跳闸，至少应在连续几次计算值都在定值以下才跳闸。当然，这样做要增加动作时间。比较稳妥的做法是用 FIR 数字滤波器，且计算时仅利用故障后的数据。

一种可行的阻抗继电器处理办法是采用长、短数据窗相结合的 FIR 滤波器。利用短数据窗的 FIR 数字滤波器进行滤波，并考虑短窗滤波效果不是特别理想的特点，设置足够的可靠系数，达到缩短近处故障动作时间的目的；在短数据窗元件不动作时，再使用数据窗长且滤波效果好的滤波器进行相应的准确计算和判别，兼顾暂态特性和快速性、安全性。

实际上，对于如图 3 - 49（a）所示的单一电气量，在 $n<0$ 时，有 $x（n）=0$，那么，采用绝对值求和的方法就具有单调的特点，如图 3 - 49（b）所示。这里，信号的波形和初相角均为任意。

设第 m 次的计算结果为

$$S_m = \sum_{n=1}^{m} | x(n) |$$

式中 $x(n)$——n 时刻的采样值。

这样，第 $m+1$ 次的计算结果是

$$S_{m+1} = \sum_{n=1}^{m+1} | x(n) | = \sum_{n=1}^{m} | x(n) | + | x(m+1) | = S_m + | x(m+1) | \tag{3 - 113}$$

由于

$$| x(m+1) | \geqslant 0$$

所以

$$S_{m+1} \geqslant S_m \tag{3 - 114}$$

因此，如果能够将多电气量的比较变换成单一电气量的比较，那么，就可以实现单调的动态特性。

3—12 算 法 的 选 择

目前，微机保护算法的种类繁多，前面介绍的只是粗略地将几种较典型的、用得较多的算法加以归类，以此作为了解算法的入门。许多其他类型的算法读者可根据需要阅读其他有关文献。另外，随着对微机保护的研究和实践不断广泛和深入，将会提出更多更完善的算法供使用者选择，因此这里只是对前面提到的几类算法的选择和应用范围提出一些看法。

对于要求输入信号为纯基频分量的一类算法，由于算法本身所需的数据窗很短（如最少只要两三点采样），计算量很小，因此常可用于输入信号中暂态分量不丰富或计算精确度要求不高的保护中，如直接应用于低压网络的电流、电压后备保护中，或者将其配备一些简单的差分滤波器以削弱电流中衰减的直流分量作为电流速断保护，加速出口故障时的切除时间；另外，还可作为复杂保护的启动元件的算法，如距离保护的电流启动元件就有采用半周积分法来粗略地估算，以判别是否发生故障。但是，如将这类算法用于复杂保护，则需配以良好的带通滤波器，这样将使保护总的响应时间加长，计算工作量加大。

全周傅氏算法、最小二乘方算法和 R—L 模型算法都有用于构成高压线路阻抗保护的实例，各有其特点。

傅氏算法是一种能够适用于各种保护的算法，在实际中应用较多。一般在采用傅氏算法时，需考虑衰减直流分量造成的计算误差，并采取适当的补救措施。

应用最小二乘方算法，在设计、选择拟合模型时，要认真顾及到精确度和速度两方面的合理折中，否则可能造成精确度虽然很高，但响应速度太慢，计算量太大等不可取的局面。

R—L 模型算法一般不宜单独应用于分布电容不可忽略的较长线路，但若将它配以适当的数字滤波器而构成的高压、超高压长距离输电线的距离保护，还是能得到满意的效果的。

　　参考文献［30］中，作者对全周、半周傅氏算法和 R−L 模型算法配合非递归、递归数字低通滤波器等四种认为较有前途的算法进行了详细的分析、比较，并通过大量试验，结果确认配合递归数字低通滤波器的 R−L 模型算法的性能最好，它是利用微型机进行实时处理的一种最佳算法。

　　应当再次指出的是，R−L 模型算法只能用于计算输电线路阻抗，因此多用于线路保护中。而全周傅氏算法、最小二乘方算法还常应用于元件保护（如发电机、变压器的差动保护），后备电流、电压保护以及一些由序分量组成的保护中，也可以应用于谐波分析；对于测量场合，还可以应用测量值的原始定义，如方均根值等。

　　总之，各种算法都有其应用价值，选择哪一种算法需根据对保护功能的要求、应用场合及可能配备的硬件情况来具体确定。数字信号处理器 DSP 的应用和微型机运行速度的提高，为各种计算量较大的算法提供了硬件保障的基础。

　　现在，已有很多参考文献论述了新原理、新技术和新方法在电力系统控制和继电保护中的应用，主要有自适应理论、模糊集理论、小波分析、智能方法、专家系统、暂态行波原理、暂态分量保护和神经元网络等，有兴趣的读者可自行查阅。

第4章　提高微机保护可靠性的措施

4—1　概　述

可靠性是对继电保护装置的基本要求之一，它包括两个方面——不误动和不拒动。可靠性和很多因素有关，例如保护的原理、工艺和运行维护水平等。本章将着重讨论由于应用微型机而带来的两个问题：一是微机保护的抗干扰问题；二是装置内部元件出现损坏时的对策。就元件损坏来说，微机保护有明显的优点，因为使用微型机后，元件数量大大减小，而且大规模集成电路芯片在各领域大量使用的实践已证明元器件的损坏率是很低的。特别是微机保护可以实现高级的在线自动检测，在绝大多数情况下，元件损坏都能被自动检测发现，并且发出警报，不会引起保护误动作。

至于抗干扰问题，由于继电保护装置的工作环境，对保护的电磁干扰是严重的。人们在过去的实践中已经自然地建立起一个概念，即动作缓慢的机电型继电器不怕干扰，而快速反应的灵敏的电子电路构成的保护易受干扰影响。国内在研制晶体管保护的初期，在干扰问题上有过深刻的教训。微型机是在内部时钟节拍控制下，以极高的速度工作的，人们担心它的抗干扰能力并不是没有理由的，为此本书专设这一章讨论可靠性，特别是抗干扰问题。在抗干扰方面，微机保护有它的独到之处，可以采取一系列常规保护所无法实现的抗干扰措施，国内外的实践都已证明微机保护是高度可靠的。

干扰对微机保护造成的后果，主要表现在"读"或"写"出错。其中最严重的是读取指令时出错。例如当微型机通过地址总线送出某一地址的取指令操作码时，如果因为干扰读到的数码出了错，不是实际存放的指令，那么，微型机将执行一条非预期的指令。如果这条错误的指令是转移指令，微型机将立即离开原程序的轨道；或者如果这条错误的指令长度和原指令不同，则下一条将执行的指令操作码可能是原程序中某个地址码。如此继续，导致微型机将完全背离原设计程序的流程，这种现象常称作程序出格。在程序出格后，微型机将执行一系列非预期的指令，其最终结果不是碰到一条微型机不认识的指令操作码而停止工作，就是进入某一种非预期的死循环。晶体管保护一般在没有完善的闭锁措施时，容易在干扰下由于逻辑电路误翻转而导致保护误动作。而微机保护在干扰作用下，由于读或写出错导致保护误动作的可能性很小，并且，一般的出错都可以用下面将要介绍的各种校对措施，予以自动纠正。最严重的错误是程序出格，因为出格后微型机不再执行预定的程序，任何用程序安排的纠错措施将不起作用。在出格后微型机执行的一系列非预期的指令中，碰到跳闸指令而误跳闸的可能性也极小，因为可以在出口跳闸程序段中进行把关和确认(详见4—3节)。但是程序出格后微型机停止了执行保护的任务，如不能及时发现而采取措施，则在被保护对象发生故障时就将拒绝动作。

4—2　干扰来源和窜入微机弱电系统的途径

国内外对静态继电器的干扰来源作了大量的研究后指出，干扰源主要是通过保护装置端子从外界引入的浪涌。这些对干扰来源的分析都同样适用于微机保护。

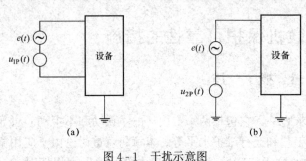

$e(t)$—有用信号；$u_{1P}(t)$—差模干扰；$u_{2P}(t)$—共模干扰

图 4-1　干扰示意图
(a) 差模干扰；(b) 共模干扰

干扰分为共模干扰和差模干扰两种，示意图如图 4-1 所示。差模干扰对微机保护的威胁一般不大，因为微机保护各模拟量输入回路都首先要经过一个防止频率混叠的模拟低通滤波器，它能很好地吸收差模浪涌，同时，数字滤波器能有效地抑制差模对计算结果的影响。就抗干扰而言，这种低通滤波器能够用无源的最好，因为包括运算放大器的有源滤波器容易在浪涌过电压下损坏。至于作用在装置对外引线端子和机壳之间的共模干扰，第一章已介绍过微机保护各外接端子同微机弱电系统之间都没有电气的联系。表 4-1 示出各种外接端子同微型机弱电系统之间的隔离方法，另外，机壳应可靠地与地网连接，能有效地抑制静电和空间磁场等骚扰的影响。

表 4-1　　　　　　　　　　　　保护装置对外连线的基本隔离措施

端子种类	交流输入	开关量输入 （含通信口）	开关量输出 （含通信口）	直　流　电　源
隔离措施	变换器，屏蔽层	光电隔离	光电隔离	逆变电源 （高频变压器线圈间有屏蔽层）

应当说明，保护装置对连接电缆的典型要求是，连接到保护设备的信号电缆应该是专用的屏蔽电缆，且屏蔽层应良好接地。

这样，似乎共模干扰不会侵入微型机的弱电系统了，但实际上由于共模干扰浪涌频率高、前沿很陡的特点使它可以顺利通过电路的各种分布电容而窜入弱电系统，而浪涌的幅度可能很大，微弱的耦合也可能足以造成微型机工作出错。因此，除了表 4-1 所示隔离措施之外，在保护装置的结构布局方面必须十分谨慎。例如应当将弱电系统的插件远离同外接端子有直接联系的各插件（电压形成回路、开关量输入和输出回路等），严格使强电和弱电分开。这样安排后，外接端子所引入的共模干扰浪涌似乎不再会通过分布电容影响微型机弱电系统的工作了，但实际上还有一条不可避免的耦合途径——微机保护的弱电电源线。因为弱电电源线和干扰源之间总有一定的耦合，而且又直接连到微型机的各个部分，所以它是一个传递干扰的主要途径。由于弱电电源线（一般是 5V）及其零线之间都接有大容量的电容器，同时每个插件入口和每个芯片的电源线之间通常也都接有电容器，所以电源线之间对高频浪涌干扰可以认为是短路的，通过电源线传递的不是作用在两个电源线之间的干扰，而是作用在电源线和机壳之间的共模干扰。弱电电源线传递共模干扰的方式与电源零线是否接机壳有关。

下面分别对电源零线的两种情况进行分析。

一、电源零线直接接机壳

图 4-2 示出了电压互感器二次引线所携带的共模干扰，通过电压形成回路中的隔离变

压器一次和二次绕组之间的分布电容窜入微型机弱电电源的途径。注意绕组之间的屏蔽层虽然接了大地，但是接地的引线不可避免地有一定的阻抗（电阻和感抗），图中以 Z_1 表示。对高频浪涌脉冲而言，它是不可忽略的，因为频率很高时感抗加大，电阻分量由于集肤效应也将加大。而隔离变压器两个绕组和屏蔽层之间的分布电容（C_1 和 C_2）对高频呈现的容抗却不大，于是将有一部分浪涌电压耦合到变压器的二次侧。从第 1 章可见，隔离变压器的二次绕组有一点与电源零线直接相连。图 4 - 2 中，假定电源零线是在 B 点经过一个引线阻抗 Z_2 接机壳的，因此当从 TV 二次侧引入一个共模干扰浪涌时，将有一个浪涌电流流过图中 A 点和 B 点间的电源零线线段，再通过 B 点进入机壳。应当注意 AB 线段对高频浪涌也同样具有不可避免的阻抗（图中未画出），因而浪涌电流流过这一线段时，将造成电源零线这两点之间的电位不相等，从而引起信号传递过程的出错。

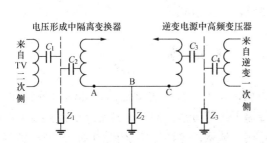

图 4 - 2　电源零线接地时传递干扰的示意图

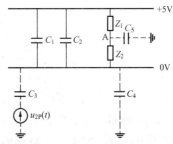

图 4 - 3　电源零线浮空时传递
干扰的示意图

如果电源线和干扰源相耦合只有一处，那么，只要把电源零线的接地点尽量靠近干扰源，即将图 4 - 2 中的接地点移至 A 点，就不会在 TV 二次侧引入干扰时造成上述问题。但是，实际上这种干扰源有多处，例如图 4 - 2 中示出的逆变电源的高频变压器，其一次侧接至操作电源（如 220V 直流），可能引入共模干扰浪涌，而二次侧则是微型机的弱电电源线。如果使接地点 B 靠近 A 点，那么，当从直流操作电源侵入共模干扰时，又将造成 BC 线段上有浪涌电流通过。即使将电源线在每一个可能的干扰源处都连一条接机壳的接地线，也由于各接地线都有一定的阻抗，而很难完全避免浪涌电流流过电源线。

二、电源零线浮空

如果微型机电源的零线不连机壳（即不接地），并且尽量减小电源线和机壳之间的分布电容，则由于干扰造成的流过电源线的浪涌电流可以大大减小。此时，在干扰作用下，微型机电源和机壳之间的电位将浮动。图 4 - 3 示意地表示了共模干扰电压 $u_{2P}(t)$ 通过耦合电容器 C_3 作用至电源线的情形。+5V 和 0V 之间由于接有电容器 C_1 和 C_2，对高频可以认为是短路的，此时 0V 相对于机壳的电位决定于分布电容 C_3 和 C_4 的分压，C_4 为电源线同机壳之间的等值分布电容。电源相对于机壳的电位浮动本身并无危害，但是如果电路中其他点同机壳之间有较大的分布电容，就将带来问题。图 4 - 3 示出了某一点 A 的电位情况，假定它和+5V 和 0V 之间的阻抗分别为 Z_1 和 Z_2，对机壳的分布电容较大为 C_5，显然在 $u_{2P}(t)$ 作用下，A 点相对于电源 0V 的电位将受到影响。例如本来 A 点应是高电平的"1"状态，即 Z_2 很大，通常在几千欧的数量级。如果 C_5 较大，则在高频干扰作用下，电源零线相对于机壳的电位可能瞬时发生变化，而 A 点相对于机壳的电位却要受到 Z_1 和 C_5 时间常数的牵制，不能瞬时跟随电源零线浮动，于是 A 点相对于 0V 的电位就将短时发生变化，可能短时呈现

"0"态而导致出错。

减小微型机电路中其他部分同机壳之间的分布电容是可以做到的，方法是将印制板周围都用电源零线或+5V线封闭起来，更好的办法是采用多层印制板，其中包含了电源层和零线层，这样就可以隔离电路板上其他部分同机壳之间的直接耦合，从而做到干扰脉冲侵入时，整个系统相对于机壳的电位随电源线一起浮动，而它们互相间的电位保持不变。要注意的是，切不要把要害部分的点走长线引至面板（例如装设测试孔等），特别是在金属面板的情况下。如果能够做到这一点，零线浮动的方案可以得到满意的结果，否则应将零线接地，但是要十分注意电源线的走线及接地点的选择，还应当尽量加粗接地线。

最后应当指出，研究具有分布参数的系统是电磁场或波动过程的问题，其物理过程实际上要复杂得多，上述分析只是定性和示意性的。实际上，国内外的保护装置中，既有采用电源零线直接接机壳的方式，也有采用电源零线浮空的方式。

4−3　抗 干 扰 措 施

最重要的抗干扰措施是防止干扰进入微型机弱电系统，也就是前面介绍过的各种隔离、屏蔽、合理布局和配线，以及减弱电源线传递干扰等方法。同时，装置外部连接电缆的典型设计是采用带屏蔽层的电缆，且屏蔽层可靠接入地网。这些措施是有效的。合理的硬件设计可以做到干扰不会引起微型机的工作错误。以上可以说是抗干扰的第一道防线，而这一节要介绍的抗干扰措施可以称作第二道防线，就是说万一干扰突破了第一道防线，造成了微型机工作出错，也决不能允许导致保护误动作或拒动，而应能自动地纠正。针对各种不同的出错情况，可以分别采取以下措施。

1. 对输入采样值的抗干扰纠错

保护装置的某些模拟输入量之间存在着某些可以利用的规律。例如，三相电流和零序电流、三相电压和零序电压之间有

$$i_a(t) + i_b(t) + i_c(t) = 3i_0(t)$$
$$u_a(t) + u_b(t) + u_c(t) = 3u_0(t)$$

如果对每个电流、电压回路各设有一个采样通道，而且所有模拟量都在同一时刻采样，则对任一次采样 k，都应满足

$$i_a(k) + i_b(k) + i_c(k) \approx 3i_0(k) \tag{4-1}$$
$$u_a(k) + u_b(k) + u_c(k) \approx 3u_0(k) \tag{4-2}$$

式（4-1）和式（4-2）提供了一个判别各采样值是否可信的方便的依据。可以对每一次采样值都按式（4-1）和式（4-2）进行一次分析，只有在满足式（4-1）和式（4-2）的前提下，才允许这一组采样值保存，并提供给微型机作进一步的处理。如果由于干扰导致输入采样值出错，可以通过这种检查取消这一组采样值，等干扰脉冲过去，数据恢复正常后再恢复工作。这相当于晶体管保护在第一级触发器设置一个延时躲开干扰的方法，不同点是微机保护的延时不是固定的，更加灵活。

顺便指出，式（4-1）和式（4-2）的检查不仅可以抗干扰，还可以用来发现数据采集系统的硬件损坏故障。例如有一个采样芯片损坏，此时将连续多次发现不符合式（4-1）和式（4-2）所示的关系，微型机将报警和采取相应的措施，不会引起保护误动。

将式（4-1）和式（4-2）的综合判别归纳如下：

（1）式（4-1）或式（4-2）短时不成立，则可能是干扰引起；

（2）式（4-1）和式（4-2）连续不成立，则是数据采集系统损坏；

（3）如果式（4-1）成立，而式（4-2）连续不成立，则可能是 TV 断线。

应该说，这种归纳只是针对较大的可能性，并不包含所有的情况。在保护装置不接入开口三角电压 $3U_0$ 的情况下，如果保护未启动，而 $u_a(k) + u_b(k) + u_c(k) \approx 0$ 条件持续不满足，那么基本上可以判定为 TV 断线或数据采集系统损坏。

对于某些模拟输入量，如果没有类似式（4-1）和式（4-2）的关系可供利用，也可以从自身的若干次采样值之间的变化规律来判断它是否可信。例如

$$\frac{x(k) + x(k-2)}{2} \approx x(k-1) \qquad (4-3)$$

式（4-3）的依据是正确的输入模拟量曲线应当是连续和光滑的，特别是它已经过抗频率混叠的低通滤波器的预处理。当然，用式（4-3）来区别干扰和信号要留有足够的裕度，以防止错误地把变化比较快的信号误认作干扰。

此外，对于特别重要的输入信号，还可以采用双重化，即将同一信号设置两个采样通道，在经过 A/D 变换成数字量后比较这两个数据是否一致，甚至还可采取三重化，用三取二表决的方法。

2. 运算过程的校核纠偏

针对微型机在运算过程中可能因强大的干扰而导致运算出错的问题，可以将整个运算进行两次或多次，以核对运算是否有误。这种校对可以有两种做法。一是在运算的结尾，由程序安排使微型机先把运算结果暂存起来，再利用同样的原始数据，按同样的运算式再算一遍，并同前一次计算结果比较，应当完全一样。这种校对可以很有效地查出因干扰而造成的运算出错。如果两次结果不一样，则再算，利用三取二表决，或直至两次结果一样。另一种做法是连续的两次计算不利用完全相同的原始数据，而是第二次将算法所依据的数据窗顺移一个采样值。例如算法要求的数据窗长度为 $N+1$ 点，第一次计算利用 $x(k)$，$x(k-1)$，$\cdots$，$x(k-N)$，第二次则利用 $x(k+1)$，$x(k)$，$\cdots$，$x(k-N+1)$ 再算，正常时，这两次计算结果虽然不会完全一样，但阻抗或电流、电压有效值这些量的计算结果应当十分接近。第二种做法不仅可以排除干扰造成的运算出错，也对原始数据进行了进一步的把关。

3. 出口的闭锁

前面已提到，在干扰造成程序出格后，微型机可能执行一系列非预期的指令，如不采取措施，则在此过程中不是没有可能碰到一条非预期的指令正好是跳闸指令，从而造成保护误动作。防止这种误动作的措施是在设计出口跳闸回路的硬件时，应当使该回路必须在连续执行几条指令后才能出口，不允许一条指令就出口。第 1 章介绍的开关量输出回路图中，每一个开关量输出都通过一个与非门控制，要在与非门的两个输入端都满足条件时，才驱动光电器件。而在初始化时，这些与非门的两个输入端都被置成相反的状态。对于跳闸出口等重要的开关量输出回路，这些与非门的两个输入端还应当接至两个不同的端口，使这两个输入条件不可能用一条指令同时改变。这一原理正像一个保险柜的暗码锁，暗码越长，不知道暗码的人随机地拨动而打开的可能性就越小。

采取上述措施后，虽可大大减小非预期的指令造成跳闸条件的几率，但仍然有可能在程

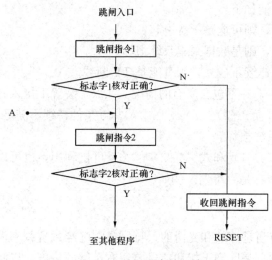

图 4-4　跳闸程序的闭锁

序出格后，非预期地执行一条转移指令，正好转移到跳闸程序段的入口，造成误跳闸，为此，还可以将跳闸程序段按图 4-4 安排。将跳闸条件分成两部分，跳闸指令 1 和跳闸指令 2，必须在执行这两部分指令后才构成跳闸条件，同时还在这两部分指令之间插入一段核对程序，检查在 RAM 区存放的某些特定标志字。当保护装置通过正常途径进入跳闸程序段之前，在其前面的程序段中（例如启动元件启动、测量元件判别在区内等）必须给相应标志字赋值，以便微型机通过核对这些标志字来区别是合理的跳闸，还是由于程序出格而错误地进入跳闸程序。前者可以通过检查而继续执行跳闸指令二，发出跳闸脉冲。对于程序出格情况，微型机转至重新初始化，将程序从出格状态退出，从而恢复正常运行。如果程序出格后，非预期地转至跳闸程序段的中间某一地址，例如从图 4-4 的 A 点进入，也将在执行完跳闸指令 2 后（此时由于未执行跳闸指令 1，不会误跳闸），经核对发现问题而重新恢复正常运行。这一出口的闭锁措施和晶体管保护用第一级触发器来闭锁末级跳闸出口的思想类似，只是微机保护用软件实现更加灵活，更加安全、可靠。

应当指出，实际上即使不采取以上闭锁措施，微机保护在程序出格后造成误跳闸的几率已经很小，但是采取这些措施后所花代价很小，却可以更进一步减小误动的几率。

4. 程序出格的自恢复

万一在强大的干扰下造成了微型机程序出格，除了上面提到的出口闭锁措施以防止误动外，还希望能迅速发现程序出格，并能自动地使其重新恢复正常，以免被保护对象发生故障时保护拒动。但这一点任何软件措施都将无济于事，因为此时微型机已不再按预定的程序工作，因此，必须用专用的硬件电路来检测程序出格，并实现自动恢复正常。

图 4-5 示出了一种硬件自恢复电路的方案。其中 B 点接至微机保护硬件电路的某一点，例如并行接口的某一输出端口位，当程序没有出格时，由软件安排使该点电位按一定的周期在"1"和"0"之间周期性地变化。B 点分两路，一路经反相器，另一路不经反相器，分别接至两个瞬时返还而延时 t_1 动作的元件。延时元件的输出接至"或"门的两个输入端。延时 t_1 应比 B 点电位变化的周期 T_S 长，因此，在正常时两个延时元件都不会动作，"或"门输出为"0"。一旦程序出格，B 点电位停止变化，不论它停在"1"状态还是"0"状态，两个延时元件中总有一个动作，动作后通过"或"门启动单稳触发器，触发器的输出脉冲接至微型机的复位端（RESET），因而使保护装置重新初始化，恢复正常工作。这个电路不仅可用于对付程序出格，还可以用于在装置主要元件（例如 CPU）损坏而停止工作时，发出报警信号。因为在这种情况下，单稳触发器发出复位脉冲后，不能使 B 点电位恢复至周期性变化状态，这时将通过 t_2 的延时发出告警信号。

如果在被保护对象无故障时发生程序出格，装置能自动恢复正常，无任何危害。即使在

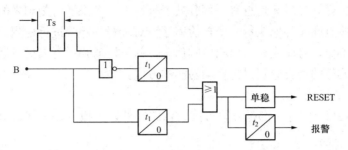

图 4-5　程序出格的硬件自恢复电路方案

被保护对象发生内部故障的同时发生程序出格，利用这种电路也可以很快恢复微型机的正常工作，只是使保护略带延时动作，但不致造成越级。

设计这种硬件自恢复电路的一个关键是要防止这样的可能性，即在程序出格后，微型机进入一个非预期的死循环，在这个死循环中包括使 B 点电位不断变化的指令，导致硬件自恢复电路处于非预期工作状态。为了防止以上情况的发生，可以像前面介绍的出口闭锁一样，在选择 B 点时，作周密的考虑，使 B 点电位的变化不是用一条指令就可以做到的。

现在，几乎所有的微型机内部都设计了看门狗（Watch Dog）电路，专门监视程序是否出格。

另外，还可以在跳转指令后面，编进若干条空操作指令和一条复位（RESET）指令。程序按预定的流程执行时，这些指令是无效的，仅在程序出格时，这些指令可能发挥复位的作用。

4-4　自　动　检　测

提高微机保护可靠性的另一个重要课题是研究装置内部有元件损坏时的后果及对策。从可靠性的角度希望能做到任一元件损坏时都不会引起误动作，并且应能立即自动检测出来而发出警报，以便及时得到相应的处理，防止由于元件损坏未被发现，使保护在应该动作时拒动。

在微机保护中，部分元件损坏一般不会造成保护误动，并且由于它是一种"动态"系统，故障必将立即暴露出来，或者被自动检测出来。但是有一个例外，如果在控制跳闸出口的逻辑回路中有元件损坏，例如第一章介绍的开关量输出回路中，如果驱动跳闸继电器的光电器件的光敏三极管短路，就可能造成继电器误动作。因此对于跳闸出口应当设置总闭锁措施，例如可以由两个光耦器件串联后去驱动跳闸继电器，或者另设一个闭锁继电器，其触点串在跳闸继电器的绕组或触点回路中。第 1 章介绍的出口电路，已经做到了这一点。

常规保护装置要实现经常的、全面的在线自动检测是困难的，因为这类保护的各部分在正常运行时都是"静止"的。以晶体管保护为例，它无法自动检测出三极管是导通还是短路，是正常截止还是开路。而微机保护是一种"动态"系统，不论电力系统是否发生故障，其微型机部分的硬件都处在同样的工作状态中，无非是数据的采集、传送和运算，因此任何元件（指微型机部分的元件）损坏都会在正常运行时表现出来。实际上，在正常运行时，微型机在两个相邻采样间隔时间内总有一部分处于等待下一个采样时刻到来的富裕时间，因此还可以利用这一段时间循环地执行一个自检程序，对装置各部分进行检测，通常可以准确地查出损坏元件的部位，打印或显示出相应的信息，并可以通知运行人员或远传到调度端。

下面按损坏元件的种类分别讨论自动检测的方法。

1. RAM、FLASH

RAM、FLASH（闪存）都是可写可读的存储器件，自检方法一样，故仅介绍 RAM 的自检方法。

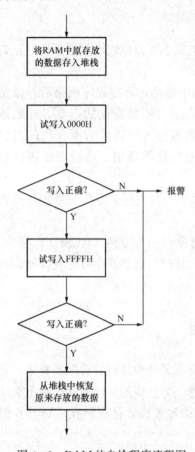

图 4-6　RAM 的自检程序流程图

对装置 RAM 区的每一个地址，可以循环地按图 4-6 进行检测。由图 4-6 可见，通过对该 RAM 地址写入全"零"（0000H，H 表示 16 进制，这里假定是用 16 位机按字检测）和全"1"检测是否良好。应当注意，对于某些存放重要标志字的 RAM 地址的检测必须在最高优先权级的中断服务程序中进行，或先屏蔽中断，否则如果正在检测过程中被中断打断，可能使中断服务程序误认为是标志字的改变而发生不希望的程序流程切换。

当然，可以往 RAM 单元中试写入任意的数值，只要发现读出的数与写入的数不一致就可以认为是 RAM 或相关电路出现了问题。

2. 程序和定值

在微型机中，程序、定值和常数都是以"数"的形式出现的，且存储在不易被改变的器件中，如 EPROM、E^2PROM、ROM。为了检测程序、定值或常数据是否改变，一种最简单，也是常用的方法是将已存放的全部数码按字节（或双字节）累加，舍去累加过程中溢出的部分，保留累加结果的一个字节（或双字节）的和数，同预先存放在特定地址单元的已知和数进行比较，以判断程序、定值的内容是否改变。这种用和数是否改变来判别的方法虽然在理论上是不严密的（因为有可能同时有两位或几位发生了变化而和数正好不一定改变），但是考虑到这种求和检查是在一个很短的时间内（通常不过几十毫秒）周期性的不断循环进行的，在这么短的时间内存储单元的内容有几处同时改变，而和数不变的可能性是极小的。除了求和方法以外，还可以采用计算机从磁盘读取文件经常采用的循环冗余码（CRC）方法。它不是简单求和，而是将各字节按一定的运算公式累计运算，最后得到一个数码，供比较核对。大量的实践和理论证明，用循环冗余码方法是极可靠的，未检出率极低，可以忽略不计。

对程序的自动检测存在的一个问题是，这一检测是用程序来进行的，而程序本身正是被检测的对象，因此有可能由于程序的内容被改变，根本不再执行自检程序，从而无法发现问题。为了提高检测的可靠性，最好在整个程序流程中，有两处或两处以上设置自检程序。设置的部位要作周密的考虑，例如最好有一处设在程序流程中控制如图 4-5 中 B 点电位变化的相应指令中间，这样就可以比较有把握地排除程序改变而没有任何报警的可能性。因为几乎不可能出现程序变了而两处对程序自检的程序都被跳过，并且图 4-5 所示的硬件自恢复报警电路也不动作的情况。另外，在硬件电路设计中，如果有 2 个及以上 CPU 的话，那么，还可以在 CPU 之间通过问答的方式，来确认被查询的对象是否在正常工作。

3. 数据采集系统

这部分的检测对象主要是采样保持器、模拟量多路开关、模数转换器和电流、电压回路。在 4-3 节中介绍对输入采样值的抗干扰纠错方法时，已提到可以用各模拟量之间存在的规律来自动检测。如果某一通道损坏，将破坏这种规律而被检测到。除此之外，还可以专设一路采样通道用作自检。常用的方法是将装置的＋5V 稳压电源接至这一路采样通道，经过多路开关和模数转换后，输入微型机系统。微型机可以通过对这一通道的数值的监视来检测多路开关、模数转换等数据采集系统是否工作正常，同时又可以实现对稳压电源的监视（越限报警）。

4. 开关量输入通道

对开关量输入通道的检测主要是指对各光电耦合器件及传送开关量的并行接口的检测。检测的困难在于这些元件是静止的，因此如果外部动合触点输入回路的光敏三极管开路，或者外部动断触点的光敏三极管短路等，都将不能被检测出。外部触点按功用可分为两大类：一类是由人工操作的各种转换开关，例如工作方式切换等；另一类是外部继电器或自动装置的触点。对于第一类触点可以通过监视来检查，比如在没有人为操作而是由于开关量输入回路有元件损坏使微型机感觉到开关量输入有变化时，它可以发出呼唤信号，并打印或显示出变化前后的开关量情况，以供核对。如果工作人员操作而微型机没有响应，或打印、显示出的信息核对有误，即可判断开关量输入通道有问题。对于第二类触点，例如外部其他保护的出口触点，经过开关量输入给微型机综合重合闸装置，在这种情况下既要考虑开关量输入回路误导通时的误跳闸，又要考虑开关量输入回路失灵未能被及时发现而造成拒动的问题。为防止拒动，对于重要的开关量输入通道可以采用双重化，即一个外部触点经过两个开关量输入通道输入，两路构成"或"的关系。为防止误动，可以在采取了双重化后再增加一个其他的闭锁条件。不然双重化的两路中如只有一路动作时，就无法区别是由于这一路元件损坏而误动作的，还是由于本应两路都动作但有一路元件损坏而拒动。仍以外部保护经微型机综合重合闸的跳闸触点为例，如果双重化两路中仅有一路动作，而综合重合闸的启动元件和选相元件均不动作，即可判定为有一路开关量输入回路有元件损坏。在必要时，还可以设置三重化，结果采取三取二表决的方式。

5. 开关量输出回路

开关量输出回路自动检测方法（参见第 1 章）。应当说明的是，开关量输出回路的自检功能应当设置在最高优先级的中断服务程序中，或者先屏蔽中断再检测，否则，如在 CPU 发生检测驱动信号后被中断打断，就可能无法及时收回检测信号，从而导致继电器误吸合。

一般来说，应在确保软、硬件都完好的情况下，才允许检测开关量输出回路。并且，每次只允许检测一个回路，两次检测之间应留有足够的时间间隔。

6. 其他部分

从微机保护的硬件框图（如图 1-1 所示）可见，以上五个部分包括了硬件全部元器件的绝大部分，通过上述介绍可见，这五个部分中任一元件损坏都能被自检发现，并可打印或显示出较准确的故障部位，同时，发出中央和本地告警信号，此外，在必要时可根据故障部位的严重程度来闭锁保护。

对于微型机本身，还可以采取多机通信的方式，既互相通信，又互相检测，实现互检功能，进一步保证微型机损坏情况下的告警。

总之，可以相当有把握的做到"只要微机保护不发告警信号，装置就是完好的"，这就大大提高了防止拒动的可靠性。

4—5　多重化和容错技术

上一节介绍的自动检测虽然能够自动地检测到装置的硬件和软件故障而报警，但是，一旦保护装置由于有元件损坏而退出工作时，如果没有多重化或容错能力，则被保护对象将失去保护，这也是不允许的。因此，对于重要的保护对象，通常采用双重化配置的方案。

随着微型机在许多对可靠性要求极高的场合中得到广泛应用，人们已研制出各种可靠性极高的微型机硬件系统，称作容错机。它不仅能自动检测出硬件损坏的部位，而且还具有容错能力，即容许有部分硬件损坏时并不影响系统工作。容错机的基本原理是硬件有冗余度，例如硬件的各部分都设有三套（三个微型机、三套 RAM、三套数据采集系统等），它们同步工作，并设有逻辑表决机构，自动地对三套硬件的每一步操作进行比较，按三取二表决。如果任一部分硬件发生损坏，就会通过表决机构判别出损坏部分而报警，而整个系统仍可以不间断工作。容错机特别适合于任何时刻该微型机系统都在进行着一定的控制操作，而任何瞬间又都不允许停顿或出错的场合。例如飞机的导航系统，或重要的生产过程的控制等。这种场合不能采用互相独立的、简单的多重化，因为它无时无刻不在输出一定的控制或调节命令，显然不能由几套独立的装置同时输出命令，而只有将它们经过一个表决机构后，形成一个可靠的输出。容错机与一套工作而另一套处在明备用状态，在工作机出故障时自动切换至备用机的方案相比，有一定的优越性，因为切换要有一个过程，有些应用场合这也是很不希望的，而容错机可以做到在三套中有一套故障时，丝毫不影响系统的正常工作。

但是继电保护系统有所不同，因为它正常时没有输出，因而用简单的双重化就可以满足要求。一套硬件有故障时，只要不引起误动（这一点从前面的介绍可以看到是能够做到的），并且能及时报警并退出工作，留下另一套承担任务就可以满足要求。同容错机相比，双重化时，两套保护可以完全独立，而容错机不但硬件要有大于二的冗余度，而且还要把它们通过表决机构相连，这就一方面增加了硬件的复杂性，另一方面，如果在一些公共部位（例如表决机构和公共总线等）发生故障，将使整个系统停止工作。

采用多重化不一定要用完全一样的装置多重化，可以将不同的保护原理的软件合理地分配在两套或多套一样的、独立的微型机硬件系统中。这样，分担任务后，对每一套硬件速度的要求就可以降低，从而可以采用更简单而可靠的微型机器件。

4—6　电　磁　兼　容[40]

随着科学技术的发展，越来越多的电气和电子设备进入了社会的各个领域，大量技术含量高、内部结构复杂的电工、电子产品得到广泛应用，推动了社会物质的丰富和精神文明的进步。但是，伴随着电气和电子设备应用所产生的电磁骚扰问题，也对电气和电子设备的安全与可靠性产生影响和危害，电磁干扰致使电气和电子产品的性能下降、无法工作的现象也时有发生，严重的可造成质量事故和设备损坏，以及其他无法估量的损失。因此保护电磁环境、防止杂散电磁波的干扰已引起世界各国及有关国际组织的普遍关注。

近十几年来，"电磁兼容（EMC，Electromaganetic Compatibility）"成为一门新兴的科学技术，正在迅速发展，它与电磁环境和频谱资源都有密切的关系。随着微电子、信息技术、现代通信技术等高新技术的飞速发展和广泛应用，电磁兼容已成为人们迫切关注和急需解决的一个重要技术问题。如果在某个特定空间里的所有电气和电子设备设计合理、安置得当，并充分考虑了系统的对外干扰和抗干扰能力，则这个电磁环境中的所有设备可以安全工作、互不产生电磁骚扰影响，这时，我们就称这个环境内的设备达到了电磁兼容。

国际电工委员会（IEC）对电磁兼容的明确定义为：设备或系统在其电磁环境中能正常工作且不对该环境中任何事物构成不能承受的电磁骚扰的能力。从电磁兼容的定义可以看出，它包含了两方面的内容：①设备或系统在电磁环境中应该能够承受电磁骚扰，并保证正常工作；②设备或系统不应该产生严重的电磁骚扰。

电磁骚扰的产生必须具备骚扰源、传播途径、受骚扰系统三个因素。这三个因素中，只要消除任一个因素，就不会发生电磁骚扰。因此，要想做到电磁兼容，只要设法减弱发射源的信号电平，切断传播途径，或者提高受干扰系统的抗干扰能力。

1. 电磁兼容三要素

（1）电磁兼容通常需要指明某个特定的空间，如同一个机柜、同一个房间，大到同一座城市，甚至同一宇宙空间。

（2）电磁兼容必须同时存在骚扰的发射体和感受体。

（3）电磁骚扰通过一定的媒体（耦合途径）将发射体与感受体联系在一起。这个媒体可以是空间，也可以是公共电网或公共阻抗。

2. 电磁骚扰源

电磁骚扰源大致可分为自然骚扰源和人为骚扰源。

（1）自然骚扰源主要由闪电、太阳辐射和宇宙射电产生的。其中，闪电的频率在10MHz以下，太阳辐射和宇宙射电的频率在10MHz以上。

（2）人为骚扰源的种类很多，主要包括静电放电、核电磁脉冲、无线电、高频加工设备、数字电路、高压输电线及绝缘子表面放电、电网开关操作过程、电压波动及家用电器等。

3. 电磁骚扰传播途径

（1）辐射途径。骚扰源如果不是处在一个全封闭的金属壳内，它就可以通过空间向外辐射电磁波，其辐射场强取决于装置的骚扰电流强度、装置的等效辐射阻抗以及骚扰源的发射频率。如果骚扰源的金属外壳带有缝隙或孔洞，则辐射的强度还与骚扰的波长有关。当孔洞的大小与波长可以比拟时，还可形成骚扰子辐射源向四周辐射。另外，辐射场中的金属体还会形成二次辐射。

（2）传导途径。骚扰源可通过与其连接的导线向外部发射，也可以通过公共阻抗耦合，或接地回路耦合，从而将骚扰带入其他电路。此种传导发射是骚扰传播的重要途径。

（3）感应耦合途径。当骚扰源的频率较低时，骚扰电磁波的辐射能力有限，此时，如果骚扰源又不直接与其他导体连接，则电磁骚扰能量还可以通过与其相邻的导体产生感应耦合，在邻近导体内感应出骚扰电流或电压。感应耦合可能是导体间的电容耦合，也可能是电感耦合或电容、电感的混合耦合。

对于微型机继电保护设备来说，由于其工作在较为严酷的电磁环境中，且设备的功率较小，与周围的电磁环境比较而言，微型机继电保护设备对外产生的电磁骚扰相对较小，因此，微型机保护现阶段的电磁兼容研究基本上较少涉及设备本身对外的电磁骚扰，而把重点放在研究微型机继电保护设备能不能承受使用环境中的电磁骚扰。一般情况下，检验的标准主要是进行 IEC61000－4 系列抗扰度试验。该系列标准规定了电气、电子设备对不同骚扰的抗扰性试验程序、试验设备及配置、对被试设备的评价及谐波测量仪的技术要求，是EMC 的基础标准。

为了验证微型机继电保护设备的抗电磁骚扰能力，通常在设备投入使用之前，应进行EMC 的试验与验证，提前确认软件、硬件和装置整体的设计合理性，以保证微型机保护在实际使用中的可靠性。

被试设备在某个等级条件下进行试验时，有如下几种情况出现。

1）在技术范围内，性能正常。

2）功能或性能暂时降低或丧失，但可自行恢复。

3）功能或性能暂时降低或丧失，要由操作人员干预或系统复位才能恢复正常。

4）由于设备或软件的损坏、数据丧失，造成不可自行恢复的功能降低或丧失。

在进行试验等级判定时，IEC 认为：如果设备满足 1）的情况，则判定为通过该等级试验；如果出现 4）的情况，则判定为不通过；2）、3）两种情况需要用户与制造商通过协商进行判定。

根据微型机继电保护设备的可靠性要求和连续不间断工作的实际情况，可以说，如果出现 3）的现象，也基本上应判定为不通过。

本书只简要介绍相关试验的目的、骚扰的物理来源、试验等级。更详细的内容可参阅有关资料。

一、静电放电抗扰性试验

模拟操作人员或物体在接触设备时的放电，及人或物体对邻近物体的放电，评估被试设备抗御静电放电干扰的能力。这里，前者是通过导体直接耦合，产生直接放电影响；后者是通过空间耦合，产生间接放电影响。

直接放电试验中，放电电极直接对被试设备进行放电，直接放电点包括用户可能触及的任何地方。

间接放电试验中，通过对试品附近耦合板的放电来模拟人体对试品附近的物体放电，间接放电可对水平耦合板和垂直耦合板进行放电。

表 4 - 2　静电放电抗扰性试验等级

等级	试验电压（kV）	
	接触放电	空气放电
1	2	2
2	4	4
3	6	8
4	8	15
X	特定	特定

注　X 是开放等级，该等级必须在专用设备的规范中加以规定（下同）。

静电放电抗扰性试验等级见表 4-2，验证等级与环境条件的关系如下。

1级——放电电压保持在低于 2kV 的环境，例如地面由抗静电材料覆盖，且相对湿度大于 35%。

2 级——放电电压保持在低于 4kV 的环境，例如地面由抗静电材料覆盖，且相对湿度可能低达 10％。

3 级——放电电压保持在低于 8kV 的环境，例如地面由易于产生静电的材料（如合成材料）覆盖，且相对湿度大于 30％。

4 级——放电电压保持在低于 15kV 的环境，例如地面由易于产生静电的材料（如合成材料）覆盖，且相对湿度可能低达 10％。

继电器和设备的正常试验等级为 3 级。

表 4-3　　射频电磁场辐射抗扰性试验等级

等　　级	试验场强（V/m）
1	1
2	3
3	10
X	特定

二、射频电磁场辐射抗扰性试验

模拟电磁场的影响，评估电气和电子设备抗御辐射电磁场干扰的能力。有很多情况会产生辐射电磁场，如无线电、广播、电视、对讲机和各种工业电磁源等。大多数电气和电子设备都可能通过某些方式受到电磁辐射的影响。

射频电磁场辐射抗扰性试验等级见表 4-3，验证等级应使预计的干扰场强不超过所选等级的试验场强。验证等级与试验场强的关系如下。

1 级——低电磁辐射的环境，例如距离当地无线电台、电视台 1km 以远处及低功率收发信机的典型场强。

2 级——中等电磁环境，例如中等功率的携带收发信机比较靠近设备，但相距不小于 1m。

3 级——严酷电磁环境，例如高功率收发信机（2W 或更大功率）靠近设备，但相距不小于 0.5m。

继电器和设备的正常试验等级为 3 级。

三、电快速瞬变脉冲群抗扰性试验

电快速瞬变脉冲群抗扰性试验是评估电气和电子设备的供电电源、信号和控制端口在受到重复的快速瞬变（脉冲群）干扰时的抵御能力。

本试验是模拟被试设备对来自操作暂态过程（如切换电感性负载、继电器触头分合等）中的各种类型瞬变扰动的抗扰性。这些操作暂态过程的干扰，被归纳为快速瞬变脉冲群干扰的形式。这类干扰的特点是上升时间短、重复率高、能量较低。

电快速瞬变脉冲群抗扰性试验等级见表 4-4，验证等级与环境条件的关系如下。

1 级——电源、对外连接电缆均受到良好保护和隔离的环境。计算机房可作为这类环境的代表。

2 级——通过分开的电缆沟、槽、管道等方法，将设备的连接导线、电缆与易于产生快速瞬变过程的电路隔离开来。

3 级——设备的连接导线、电缆与易于产生快速瞬变过程的电路的连接导线不属同根电缆，但可能在同一电缆沟、槽中的布线方式。

4 级——设备的连接导线、电缆与易于产生快速瞬变过程的电路的连接导线共用多芯电缆。

继电器和设备的正常试验等级为 3 级。

表 4-4　　　　　　　　　　　　　　电快速瞬变脉冲群抗扰性试验等级

等　　级	开路输出试验电压（±10%）和脉冲的重复率（±20%）			
	在供电电源和保护地端口		在输入/输出信号、控制端口	
	电压峰值（kV）	重复率（kHz）	电压峰值（kV）	重复率（kHz）
1	0.5	5	0.25	5
2	1	5	0.5	5
3	2	5	1	5
4	4	2.5	2	5
X	特定	特定	特定	特定

四、浪涌抗扰性试验

浪涌是一种沿电源线或电路传播的快速上升、缓慢下降的电流、电压、功率瞬变波，模拟由各种操作和雷电瞬变过电压引起的干扰影响，评估设备抵御大能量骚扰的能力。

应该说明的是，一次设备考核的高压绝缘能力包含了承受直接雷击的影响，而浪涌抗扰性试验不考虑设备遭受直接雷击（一般的设备都无法承受直接雷击）。本试验所指的雷击瞬变主要是模拟间接雷击，模拟雷电击中户外电力线或物体后，通过下列途径对设备产生干扰影响。

1）雷击户外线路后，电流流经外部线路或接地电阻，从而产生干扰电压。

2）在设备周围产生电磁场，使设备对外连接端子出现感应电压和电流。

3）雷击产生的地电流通过设备所在的接地系统，产生干扰电压。

浪涌抗扰性试验等级见表 4-5，实际上，试验等级还与设备使用时的安装条件有关，因此，应根据设备的使用情况来确定试验等级。一般情况下，设备的试验等级与安装条件的对应关系如下。

1 级——受到部分保护的电气环境。所有进线电缆都有过电压保护（一次侧保护），设备各部分由地线网络相连，并且地线网络基本上不受电力设施和雷击的影响。

表 4-5　浪涌抗扰性试验等级

等　　级	开路试验电压±10%（kV）
1	0.5
2	1
3	2
4	4
X	特定

2 级——电缆线被很好地分离开，且走线很短的电气环境。

3 级——不同用途的电力电缆与信号电缆并行布线的电气环境，内部电缆可能是户外电缆的一部分，且受保护的设备和不太敏感的用电设备共用一个供电电源。

4 级——内部接线与户外电缆一起布线。

继电器和设备的正常试验等级为 3 级。

五、对射频场感应的传导骚扰的抗扰性试验

模拟射频发射机在 9kHz～80MHz 频率范围产生的传导骚扰，这种射频电磁场会作用于电气和电子设备的电源线、通信线、接口电缆等所有连接线的整个长度，因为这些连接线的长度可能与射频的几个波长相当，从而起到被动天线的作用。

对射频场感应的传导骚扰的抗扰性试验等级见表 4 - 6，验证等级与环境条件的关系如下。

1 级——低水平的电磁辐射环境。无线电、电视台站在 1km 以外。

2 级——中等的电磁辐射环境。使用低功率的便携发射机，但是，限制在设备附近使用。

表 4 - 6　对射频场感应的传导骚扰的抗扰性试验等级

频率范围 150kHz～80MHz	
等　级	电压水平
1	120dB（μV）或 1V
2	130dB（μV）或 3V
3	140dB（μV）或 10V
X	特定

3 级——严酷的电磁辐射环境。便携发射机在相对靠近设备的地方使用，但距离不小于 1m。

继电器和设备的正常试验等级为 3 级。

需要说明的是，在 IEC 标准中，对 9～150kHz 的频率范围内，不要求进行射频场的传导骚扰试验。

六、工频磁场抗扰性试验

工频磁场由导体中的工频电流所产生，少量由邻近的其他装置（如变压器的漏磁通）所产生。主要考核两种情况：①正常工作条件下，稳定、连续电流产生的磁场，幅值相对较小；②电力系统故障条件下，短路电流产生的磁场幅值较高、持续时间短。显然，工频磁场的影响与设备的安装位置有关。

国际电工委员会（IEC）认为：对于居民区、变电站和正常条件下的发电厂等环境，谐波产生的磁场影响是可以忽略不计的；对于有大功率变流器运行的特殊场合，谐波产生的磁场影响是不能忽略的，只是这种影响情况将在未来的修订版中予以考虑。

工频磁场抗扰性试验等级见表 4 - 7，工频磁场抗扰性试验等级的选择要符合实际的安装和环境条件。几种试验等级与环境条件的对应关系如下。

1 级——有电子束的敏感装置能够正常使用的环境条件，敏感装置如计算机监视器、电子显微镜等。

表 4 - 7　工频磁场抗扰性试验等级

等级	稳定的磁场强度（A/m，峰值）	1～3s 的短时磁场强度（A/m，峰值）	等级	稳定的磁场强度（A/m，峰值）	1～3s 的短时磁场强度（A/m，峰值）
1	1	不采用	4	30	300
2	3	不采用	5	100	1000
3	10	不采用	X	特定	特定

2 级——受到良好保护的环境，如家用电器、办公机械和医用设备等受到保护的区域。

3 级——设备运行于采取了一定保护措施的环境中，如高压变电站的计算机室等。

4 级——典型的工业环境，如发电厂、高压变电站的控制室等。

5 级——严酷的工业环境，如邻近母线和大功率电气设备的区域。

X 级——特殊环境。

继电器和设备的试验等级应选 4 级以上。

七、脉冲磁场抗扰性试验

脉冲磁场主要由以下几种情况产生。

1）雷击建筑物和其他金属构架，包括天线、接地体和接地网。

2）电力系统故障的暂态起始阶段。

3）操作高压母线和高压线路的断路器。

脉冲磁场的试验等级、环境条件与短时工频磁场的要求是一样的，两者的主要区别是短时工频磁场的持续时间为 $1\sim3s$，而脉冲磁场的持续时间仅有十几微秒到几十微秒。

八、阻尼振荡磁场抗扰性试验

阻尼振荡磁场是指发电厂、变电站中，由隔离开关在分、合高压母线时产生的骚扰磁场。阻尼磁场的试验等级、环境条件与短时工频磁场的要求是一样的，但阻尼磁场的电磁波是衰减的振荡波，且电磁波的周期为 $1\sim10\mu s$。

九、振荡波抗扰性试验

振荡波模拟的是电力系统操作、绝缘闪络、燃弧、故障或雷击低压电缆等情况下，通过设备连接电缆侵入的骚扰，具体分为振铃波和阻尼振荡波。

1. 振铃波

由电网和无功负荷的操作、电力线路绝缘闪络和故障、雷击低压电缆等原因引起的感应骚扰，这些骚扰被归纳为振铃波的形式。这是电网、控制和信号线上普遍出现的一种现象。

振铃波的波头时间为 $10ns\sim1\mu s$，波形的持续时间为 $10\sim100\mu s$，实际上，上升时间、持续时间还与传播介质、传播途径有关。根据研究表明，最有意义的试验是在设备端口处施加上升时间为 $0.5\mu s$、振荡频率为 $100kHz$ 的瞬态振荡波。应该说明，振铃波与浪涌试验是相互补充的。

振铃波的试验等级见表 4-8。继电器和设备的正常试验等级为 3 级。

2. 阻尼振荡波

在电厂、变电站以及重工业设施中，由各种操作引起电弧燃烧、电压波反射，从而在设备端口上产生骚扰影响，这种典型情况归纳为阻尼振荡波的形式。在变电站中，隔离开关的分、合操作会产生上升波头很陡的瞬变波，上升时间仅为几十纳秒。

阻尼振荡波的试验等级见表 4-9。继电器和设备的正常试验等级为 3 级。

表 4-8　振铃波的试验等级

等级	共模（kV）	差模（kV）
1	0.5	0.25
2	1	0.5
3	2	1
4	4	2
X	特定	特定

表 4-9　阻尼振荡波的试验等级

等级	共模（kV）	差模（kV）
1	0.5	0.25
2	1	0.5
3	2.5	1
4	不采用	不采用
X	特定	特定

第5章　微机保护程序流程

5-1　概　　述

　　微机保护的流程图能够比较直观、形象、清楚地反映保护的工作过程和逻辑关系。微机保护的程序结构可以有很多种不同的构成方案，如多任务型、多线程型等，本书不讨论各种不同的程序流程方案，重点是通过介绍一种电流保护和一种高压线路微机保护的程序流程示意图，使读者对如何用软件实现继电保护的功能有一个比较具体和完整的概念，便于设计和阅读其他程序流程。对于变压器、发电机、母线保护等其他保护功能，可以根据各自保护的特点和算法，参考本章的流程方案，构成相应的功能。

　　各种不同功能、不同原理的微机保护，主要的区别体现在软件上，因此，将算法与程序结合，并合理安排程序结构就成为实现保护功能的关键所在。在绪论中曾提到，不论是什么原理和功能的保护，微型机继电保护装置的硬件原理基本相同，主要由数据采集系统、微型机主系统和开关量输入/输出回路等组成，如图1-1所示。虽然微型机实际执行的程序是机器码，同硬件的实际电路有密切关系，例如各部分的地址分配、接口的控制方式等。但是，在介绍或学习程序流程图时，几乎用不着对照硬件的详细电路图。当然，熟悉模拟型保护的逻辑和工作过程必将有助于设计或阅读微机保护的程序流程，毕竟二者的主要运行工况和逻辑工作过程基本上是相似的。

　　程序流程可以大致分为粗略流程和详细流程。其中，详细流程能够具体地了解工作过程和逻辑关系的细节，便于进行事故分析，而粗略流程易于理解总体的逻辑配合和工作过程。把粗略流程中的模块再画出其详细的工作流程，就可以得到更详细的流程。

　　随着微型机功能的增强和运算速度的加快，以及高级语言的应用，要求微机保护的软件（尤其是保护逻辑功能）具有较好的继承性、可读性和可维护性，减少保护逻辑功能模块与硬件的相关程度，因为，每一种软件的稳定性和可靠性还与软件使用的时间、数量、各种运行情况的考核及不断完善等因素有一定的关系。当保护的测量、逻辑功能采用高级语言编程后，软件具有继承性，可以方便地将功能软件移植到新的硬件平台中，自然就继承了一定的稳定性和可靠性。当然，控制具体硬件电路时，可以结合汇编语言予以实现，如A/D接口和并行口的控制等。另外，可读性和可维护性也是为了方便软件的修改与完善。

5-2　程序流程的基本结构[41]

一、中断功能的作用

　　实时系统指的是，对具有苛刻时间条件的活动以及外来信息要求以足够快的速度进行快速处理，并在一定的时间内作出响应。继电保护系统就是一种对时间要求很高的实时系统，一方面要求实时地采集各种输入信号，随时跟踪运行工况；另一方面，要求在电力系统短路时，快速判别短路的位置或区域，尽快地切除短路。

为了满足实时系统的快速性和实时性要求，微型机的中断机制是一种很有效的实现手段之一。

在采用了中断机制后，当各种参数、信息、活动等需要及时处理时，可以在任何时刻向微型机发出中断请求，要求微型机快速响应，达到快速处理的目的。除此以外，中断功能还可以实现微型机和其他设备同时工作，并实现对异常情况的自行处理，如电源异常、存储出错、运算溢出等。

引起中断的原因或能发出中断申请的来源，称为中断源。微机保护要用到的中断源一般有定时器中断、通信中断、异常中断等。

在实时系统中，会出现两个或多个中断源同时提出中断请求的情况，这样，就必须要求设计者事先根据待处理事件的轻重缓急，给每个中断源确定一个处理的顺序，这就是所谓的中断优先级问题。当多个中断源同时提出中断申请时，微型机能够找到优先级别最高的中断源，优先响应其中断申请，及时处理对应的最实时、最急迫事件；在优先级别最高的中断源处理结束后，再响应级别较低的中断源。

在微机保护中，应当合理地安排各种中断的优先级别。一般情况下，将定时器产生的采样中断确定为级别较高的中断源。另外，定时采样中断的时间间隔是一个较为固定的时间单元，因此，微机保护中的各种时间元件通常可以将采样间隔 T_S 作为基本的时间计时单元。

二、程序流程的基本结构

微机保护的程序结构与微型机的运行速度、功能的构成等诸多因素有较大关系，可以有多种多样的实现方案。在微机保护中，定时中断通常是最主要的中断方式，下面仅以定时中断的服务程序为例，介绍三种典型的流程结构。在每次执行定时中断服务程序的过程中，可能会因运行条件的不一样，引起执行的时间有长有短，但是，必须保证最长的定时中断服务程序所执行的时间一定要小于采样间隔时间 T_S，并留有一定的时间裕度（如图 1-23 所示）。否则，将造成微型机还没有从中断返回时，又出现一次中断，导致微型机工作紊乱，无法正常工作。这是微型机的基本要求，在程序设计时，应当予以足够重视。

1. 顺序结构

在图 5-1（a）所示的一次中断服务流程中，将功能 1，2，…，N 完全按顺序执行一遍。这种流程较清晰，N 个功能的地位完全相同，不突出任何一个功能。要求 N 个功能的执行时间之和小于中断服务程序被允许执行的时间（如采样间隔）。当微型机的运行速度较快，尤其是结合 DSP 技术后，完全可以采取顺序结构的方法来实现继电保护的功能。

2. 切换结构

采用图 5-1（b）所示的分时切换的方法，每一次的中断流程只执行 1，2，…N 功能模块中的一个功能。这种结构中，N 个功能的地位完全相同，不突出任何一个功能，同时，每个功能模块在 N 次采样间隔中只执行一次。要求 N 个功能中，最长一个功能的执行时间应小于采样间隔。这种方法的采样间隔时间小于顺序结构的采样间隔。图 5-1（b）中，P 为按模 N 进行加法的计数器，每次中断流程中，均进行一次 P+1 计数，当 P 计数到 N 时归 0，这样，P 就相当于分时切换开关的功能，控制着每次中断流程的走向，保证 1，2，…，N 的每个功能都能顺序执行到。

3. 混合结构

图 5-1（c）所示的混合结构方法介于顺序结构和切换结构之间，突出了 1 功能的实时

执行，而 2，$\cdots$，N 的 $N-1$ 个功能采用分时切换执行的办法。要求 2，$\cdots$，N 功能中，最长执行时间加上 1 功能的执行时间应小于采样间隔。由于 2，$\cdots$，N 中，只有 $N-1$ 个功能，所以 P 按模 $N-1$ 进行计数。

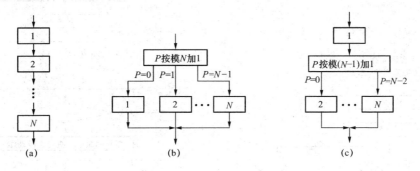

图 5-1　典型流程结构

(a) 顺序结构；(b) 切换结构；(c) 混合结构

上述三种结构的执行时间比较中，忽略了执行分支表达式（P 计数器及其判别）的时间和中断响应、中断返回时间等，因为完成这些工作所占用的时间是极短的。

如果假设 1，2，$\cdots$，N 个功能的最长执行时间分别为 t_1，t_2，$\cdots$，t_N，时间裕度为 t_Y，那么，仅就中断流程的执行时间来说，具体的采样间隔时间应满足如下要求。

1）顺序结构　　　　　$T_S > (t_1 + t_2 + \cdots + t_N) + t_Y$

2）切换结构　　　　　$T_S > \max\{t_1, t_2, \cdots, t_N\} + t_Y$

3）混合结构　　　　　$T_S > t_1 + \max\{t_2, \cdots, t_N\} + t_Y$

5—3　电流保护流程图

在各种类型的继电保护设备中，电流保护是最简单的一种保护，也最容易理解，因此，我们从一种电流保护的流程图开始，介绍流程图的设计方法和过程，同时，介绍提高电流保护灵敏度的方法，并进一步说明，只要找出特征的区别，微型机继电保护就可以予以实现，从而改善和提高继电保护的性能。

一、电流保护流程

在微机电流保护中，可以将保护流程图设计为如图 5-2 所示。图中，只画出了系统程序流程和定时中断服务程序流程，其他中断方式的使用，可以根据实际应用情况予以综合考虑。

图 5-2（a）的上方是程序入口。每当微型机继电保护装置刚接通电源或有复位信号（RESET）后，微型机都要响应复位中断，它将从一个微型机规定的地址（称为复位向量地址）中，去提取第一条要执行的指令所存放的地址或者去执行一条跳转指令，具体由微型机设计而定，直接控制微型机跳转到程序入口。复位向量地址是微型机器件事先设计好的规定地址，编程人员无法改变它，且复位向量地址必须存放在 ROM 或 FLASH 中，不能存放在 RAM 中，否则造成掉电丢失，无法在上电后让微型机按照设计的流程运行。这样，微型机都把所希望运行的程序入口地址存放在复位向量地址中，保证每次接通电源或 RESET 后，微型机都自动地进入程序的入口，随后按照编制的程序运行。

图 5-2 电流保护流程的工作过程如下。

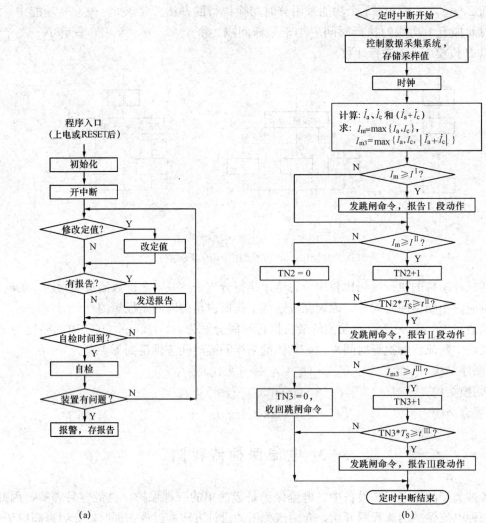

图 5 - 2　电流保护流程图
（a）系统程序；（b）中断服务程序

（一）系统程序流程

1. 初始化

从图 5 - 2（a）可见，程序入口的第一个模块是初始化，该模块主要完成如下工作。

（1）首先，对硬件电路所设计的可编程并行接口进行初始化。按电路设计的输入和输出要求，设置每一个端口用作输入还是输出，用于输出的还要赋予初值，如第一章中的出口回路控制、A/D 接口方式等。这一步必须首先执行，保证所有的继电器均处于预先设计的状态，如出口继电器应处于不动作状态；同时，便于通过并行接口读取各开关量输入的状态。

（2）第二步是读取所有开关量输入的状态，并将其保存在规定的 RAM 或 FLASH 地址单元内，以备以后在自检循环时，不断监视开关量输入是否有变化。

（3）对装置的软硬件进行一次全面的自检，包括 RAM、FLASH 或 ROM、各开关量输出通道、程序和定值等，保证装置在投入使用时处于完好的状态。这一次全面自检不包括对数据采集系统的自检，因为它尚未工作。对数据采集系统的检测安排在中断服务程序中。当然，只要在自检中发现有异常情况，就发出告警信号，并停止保护程序的运行。

（4）在经过全面自检后，应将所有标志字清零，因为每一个标志代表了一个"软件继电器"和逻辑状态，这些标志将控制程序流程的走向。一般情况下，还应将存放采样值的循环寄存器进行清零。

（5）进行数据采集系统的初始化，包括循环寄存器存数指针 POINT 的初始化（一般指向存放采样值第一个地址单元），设计定时器的采样间隔等（详见第 1 章）。

2. 系统程序的其他流程

经过初始化和全面自检后，表明微型机的准备工作已经全部就绪，此时，开放中断，将数据采集系统投入工作，于是，可编程的定时器将按照初始化程序规定的采样间隔 T_S（如图 1-23 的采样脉冲信号）不断地发出采样脉冲，控制各模拟量通道的采样和 A/D 转换，并在每一次采样脉冲的下降沿（也可以是其他方式）向微型机请求中断。应该做到，只要微机保护不退出工作、装置无异常状况，就要不断地发出采样脉冲，实时地监视和获取电力系统的采样信号。

之后，系统程序进入一个自检循环回路，它除了分时地对装置各部分软硬件进行自动检测外，还包括人机对话、定值显示和修改、通信以及报文发送等功能。将这些不需要完全实时响应的功能安排在这里执行，是为了尽量少占用中断程序的时间，保证继电保护的功能可以更实时地运行。当然，在软硬件自检的过程中，一旦发现异常情况，就应当发出信号和报文，如果异常情况会危及保护的安全性和可靠性，则立即停止保护工作。

应当指出，从保护启动到复归之前的过程中，应当退出相关的自检功能，尤其应当退出出口跳闸回路的自检，以免影响安全性和可靠性。另外，定值的修改应先在缓冲单元进行，等全部定值修改完毕后，再更换定值，避免在保护运行中，出现一部分是修改前的定值，另一部分是修改后的定值。

在微型机中断后，每间隔一个 T_S，定时器就会发出一个采样脉冲，随即产生中断请求，于是，微型机先暂停一下系统程序的流程，转而执行一次中断服务程序，以保证对输入模拟量的实时采集，同时，实时地运行一次继电保护的相关功能。因此，在开中断后，微型机实际上是交替地执行系统程序和中断服务程序的，两个程序流程的时序关系如图 5-3 所示。图 5-3 中，用 IRQ 表示中断服务程序的一个完整流程；用 MN 表示系统程序的流程，并将中间可能会出现的循环流程假设为顺序执行，这个假设不影响问题的实质。图中，当系统程序流程执行到 A 处时，定时器产生了一次中断，于是，微型机自动地将 A 处的位置和关键信息保存起来（一般由微型机通过堆栈来实现），随即，微型机转而执行一遍完整的中断服务程序（图 5-3 中的 t_1 就是执行中断服务程序的时间段），在中断服务程序结束后，微型机恢复执行 A 处被暂停的系统程序流程；当系统程序流程执行到 B 处时，定时器再次产生中断信号，从而微型机又暂停 B 处的流程，再次执行一遍完整的中断服务程序。其中，微型机在 t_1，t_3，t_5，…，t_k 时间段分别完整地执行一遍中断服务程序，在 t_2，t_4，t_6，…，t_{k+1} 时间段则分时地执行系统程序流程。如此反复，在不同时间段上交替执行两种程序。应当说明，图 5-3（a）中，A、B、C、D、…、X 和 Y 处的位置是随机的。

在微型机中，通过程序计数器和堆栈技术，保证被中断所暂停的系统流程能够按顺序、分时地得以完整执行。对于系统程序流程，相当于分时地执行 MA 段流程、AB 段流程（t_2时间）、BC 段流程（t_4 时间）、CD 段流程（t_6 时间），…，XY 段流程（t_{k+1} 时间）和 YN 段流程，最终，将 MN 段流程全部执行完毕。

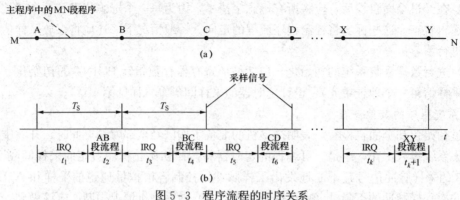

图 5-3　程序流程的时序关系
(a) 系统程序流程示意图；(b) 系统程序与中断服务程序的时序关系

实际上，当中断开放后，保护功能不要立即投入运行，而应当先利用中断功能，控制数据采集系统工作一段时间，在此期间，对模拟量的采样值进行分析，确认数据采集系统和交流回路处于正常状态后，才能将保护功能投入运行。

应当说，在图 5-2 的流程示意图中，保护的主要功能安排在中断服务流程中，系统程序的名称是相对于中断服务程序而言的。

（二）中断服务程序流程

中断服务程序流程示于图 5-2 (b)。为了使流程和逻辑更清晰，图中只画出了电流元件和时间元件的工作流程。这是电流保护功能的主体，主要包括以下的功能。

（1）控制数据采集系统，将各模拟输入量的信号转换成数字量的采样值，然后存入 RAM 区的循环寄存器中（详见第 1 章）。

（2）时钟计时功能。此功能便于在报告和报文中记录带有故障时刻的信息，当然，还可以在此功能模块中实现 GPS 对时的功能。

（3）计算保护功能中用到的测量值，如电流、电压、序分量和方向元件等，具体的计算方法参见第 3 章。为了达到流程更清晰的目的，在图 5-2 (b) 中，将用于比较的电流只简单地取为各输入电流中的最大值。

（4）将测量电流与Ⅰ段电流定值进行比较。如果测量电流大于Ⅰ段定值，则立即控制出口回路，发出跳闸命令和动作信号，同时保存Ⅰ段动作信息，用于记录、显示、查询和上传。一般情况下，可将动作信息存入 FLASH 内存中，避免掉电丢失。

微机保护动作信息的记录时间和显示、查询、上传等性能均优于常规保护。

（5）在电流Ⅰ段的功能之后，执行电流Ⅱ段的功能。当Ⅱ段电流元件持续动作到 t^{II} 时，立即发出跳闸命令。当测量电流小于电流Ⅱ段定值时，可以考虑一个返回系数后，才让电流Ⅱ段返回（TN2＝0）。

在电流Ⅱ段的逻辑中，需要用到延时的功能，在此，采用计数器 TN2 计数的方式来实现精确的延时。由于中断服务流程的执行次数与采样间隔 T_{S} 是同步的，且 T_{S} 是一个固定和已知的常数，所以，计数器 TN2 的计数值代表的延时为 $TN2 \times T_{\mathrm{S}}$。用（$TN2 \times T_{\mathrm{S}}$）的计时与Ⅱ段延时 t^{II} 进行比较，从而判断"时间继电器"是否满足动作条件。仅从时间延时本身来说，这种计时方式的时间误差 $\leqslant T_{\mathrm{S}}$。当然，也可以事先求出 $N^{\mathrm{II}}＝t^{\mathrm{II}}/T_{\mathrm{S}}$ 的数字值，然后，用 TN2 的计数值与 N^{II} 进行比较。

假设 $T_{\mathrm{S}}=0.5\mathrm{ms}$，那么，当 TN2 的计数值等于 300 时，Ⅱ 段时间继电器的持续延时就等于 $300\times0.5=150$（ms）。

（6）电流Ⅲ段的功能、逻辑和比较过程均与电流Ⅱ段相似，仅仅是在电流测量元件中考虑了第三相电流的合成，用以提高第Ⅲ段电流保护的灵敏度。

（7）当Ⅰ、Ⅱ、Ⅲ段的电流测量元件都不动作时，再控制出口回路，使出口继电器处于都不动作状态，达到收回跳闸命令的目的。

由于Ⅰ、Ⅱ、Ⅲ段电流保护的动作信息均可以记录、显示、查询和上传，所以，动作信号可以公用一个指示灯。

应当说明，在微机保护中，通常采用事先定义好的存储器或标志位来表示"继电器"以及逻辑状态的行为。一般情况下，所定义的存储器或标志位应分别与"继电器"、逻辑状态一一对应，以免混乱。

二、方向元件

在双电源供电的系统中，为了提高供电的可靠性，保证继电保护的选择性，通常需要配置方向元件，用以区分短路的方向。当保护功能需要采用方向元件时，只要在图 5-2 的流程中，考虑方向元件的判断就可以实现相应的逻辑。

按接线方式的要求，计算出进行方向比较的两个电气量的相量 $\dot{U}_{\mathrm{m}}$ 和 $\dot{I}_{\mathrm{m}}$（相量的计算方法详见第三章）。由于电气量太小时，方向性不太明确或失去了方向性，所以，只有在两个电气量 U_{m} 和 I_{m} 均大于一定的数值时，才可以应用下面的方法实现方向比较。

1. 方程比较方法

在微型机中，相量 $\dot{U}_{\mathrm{m}}$ 和 $\dot{I}_{\mathrm{m}}$ 的实部、虚部均为数字量，所以，通过式（5-1）的幅值比较方程就可以构成灵敏角为 $0°$ 的方向元件，其动作特性如图 5-4 所示，动作区域为 $180°$

$$|\dot{U}_{\mathrm{m}}+\dot{I}_{\mathrm{m}}|\geqslant|\dot{U}_{\mathrm{m}}-\dot{I}_{\mathrm{m}}| \qquad (5-1)$$

当希望方向元件的动作特性如图 5-5 所示时，幅值比较动作方程只要改为

$$|\dot{U}_{\mathrm{m}}\cdot\mathrm{e}^{\mathrm{j}\beta}+\dot{I}_{\mathrm{m}}|\geqslant|\dot{U}_{\mathrm{m}}\cdot\mathrm{e}^{\mathrm{j}\beta}-\dot{I}_{\mathrm{m}}| \qquad (5-2)$$

式（5-2）中，将 $\dot{U}_{\mathrm{m}}$ 乘以 $\mathrm{e}^{\mathrm{j}\beta}$ 后，在 $\dot{U}_{\mathrm{m}}\cdot\mathrm{e}^{\mathrm{j}\beta}$ 与 $\dot{I}_{\mathrm{m}}$ 同相位时，方向元件最灵敏。于是，当 $\dot{U}_{\mathrm{m}}$ 落后 $\dot{I}_{\mathrm{m}}$ 的角度为 β 时，方向元件最灵敏。β 角度可以为任意值，且 $\mathrm{e}^{\mathrm{j}\beta}$ 可以事先求得，代入式（5-2）即可。

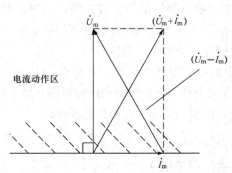

图 5-4　灵敏角为 $0°$ 的方向元件动作特性

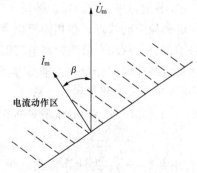

图 5-5　任意灵敏角的方向元件动作特性

2. 虚拟阻抗方法

利用相量 $\dot{U}_m$ 和 $\dot{I}_m$，求出阻抗 $\dfrac{\dot{U}_m}{\dot{I}_m}=R+jX$，于是，如果取 $R\geqslant0$ 为动作条件，那么，就可以构成灵敏角为 $0°$ 的方向元件，其动作特性如图 5-6 所示，动作区域为 $180°$。

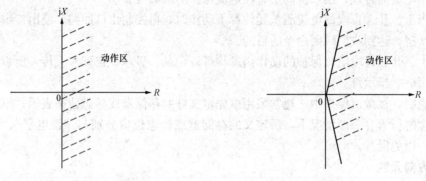

<table>
<tr><td>图 5-6　灵敏角为 0° 的方
　　　向元件动作特性</td><td>图 5-7　动作区域小于 180°</td></tr>
</table>

若取 $(\dot{U}_m e^{j\beta})$ 和 $\dot{I}_m$ 计算阻抗，动作条件仍为 $R\geqslant0$，就可以获得与图 5-5 相似的动作特性。另外，应用直线比较方法，还可以很方便地构成图 5-7 的动作特性，动作区域可以小于 $180°$，也可以大于 $180°$。对于低压电网的方向元件，常用的接线方式是 $90°$ 接线。利用与接线方式对应的 $\dot{U}_m$ 和 $\dot{I}_m$ 求阻抗时，计算值不一定就是短路阻抗（与短路类型有关），因此，将这种方向元件构成的方法称之为虚拟阻抗法。

顺便指出，由于数据存储内存中至少存储了最新的几个周波采样值，所以，微机保护可以很方便地获取记忆电压，从而实现用故障前的记忆电压与故障后的电流进行方向比较，还可以利用这些采样值进行一定的分析。当然，这里介绍的两种方向比较方法也可以应用于任意两个电气量的方向比较。

三、提高电流保护灵敏度的方法[43]

在小电流接地系统中，由于单相接地时，系统通常还允许运行一段时间，且此时电流的变化很小，所以，电流保护的目的主要是切除两相短路和三相短路。因此，常规的电流保护在整定时，按最大运行方式下的三相短路来考虑，即躲过最大短路电流的影响；在校验灵敏度时，又按照最小运行方式下的两相短路来考核。这样，优先保证了选择性，但降低了灵敏性。

与 3—8 节的思想一致，保护的设计跳出"单个继电器"的概念和范畴，同时，利用微型机的优势和故障的特点，在相同模拟量输入的情况下，考虑电流保护整定值随故障类型的不同而自动调整，从而有效地提高电流保护的灵敏度。下面予以具体分析。

如果将衰减非周期分量和谐波分量的影响用滤波的方法予以消除，那么，对于只引入 A、C 相电流的不完全星形接线，从 A、C 两相电流来看，三相短路和两相短路有如下特征：

（1）三相短路时，三相电流是对称的。于是，由引入的 A、C 两相电流可得

$$|\dot{I}_a|=|\dot{I}_c|=|\dot{I}_a+\dot{I}_c| \tag{5-3}$$

其中，$(\dot{I}_a+\dot{I}_c)=-\dot{I}_b$ 为计算得到的第三相电流。如果取 $I_{max}=\max\{|\dot{I}_a|,|\dot{I}_c|,|\dot{I}_a+\dot{I}_c|\}$ 和 $I_{min}=\min\{|\dot{I}_a|,|\dot{I}_c|,|\dot{I}_a+\dot{I}_c|\}$（下同），那么三相短路时，在

理论上有$\dfrac{I_{\max}}{I_{\min}}=1$。

（2）两相短路时，两个故障相的故障电流分量大小相等、方向相反，非故障相的故障电流分量等于0。于是，在各种相别的两相短路情况下，测量的故障电流和计算电流具有表5-1所示的特征。显然，在三相的测量和计算电流中，有$I_{\min}=0$和$\dfrac{I_{\max}}{I_{\min}}=\infty$。

表 5 - 1   **各种相间短路的故障电流分量**

故障相别	测 量 电 流		计 算 电 流	$\dfrac{I_{\max}}{I_{\min}}$
	I_{a}	I_{c}	$I_{\mathrm{b}}=\lvert \dot{I}_{\mathrm{a}}+\dot{I}_{\mathrm{c}}\rvert$	
$\mathrm{k}_{\mathrm{AB}}^{(2)}$	I_{k}	0	I_{k}	∞
$\mathrm{k}_{\mathrm{BC}}^{(2)}$	0	I_{k}	I_{k}	∞
$\mathrm{k}_{\mathrm{CA}}^{(2)}$	I_{k}	I_{k}	0	∞

注 I_{k}为故障电流。

（3）由故障分析可知，当下一设备为$Y/\triangle$接线的降压变压器时，若低压侧发生两相短路，则三相的测量和计算电流中，有$\dfrac{I_{\max}}{I_{\min}}=2$。实际上，这种短路情况下，电流保护的灵敏度已经得到提高，所以，本方案不考虑这种短路情况。

于是，综合上述（1）和（2）的分析后，可以得到鉴别同一电压等级上发生两相短路的一种故障分量判别方法为

$$\dfrac{I_{\max}}{I_{\min}}\geqslant K \tag{5 - 4}$$

式中 K——大于2的比例系数，避开第（3）种情况的影响。

实际应用中，考虑到互感器的传变误差、测量和计算误差，并考虑一定的裕度，可以取K值为$4\sim5$。于是，当$\dfrac{I_{\max}}{I_{\min}}\geqslant K$时，判定为两相短路；当$\dfrac{I_{\max}}{I_{\min}}<K$时，判定为三相短路。

在相同运行方式下，同一地点分别发生三相和两相短路时，二者的短路电流关系为$I_{\mathrm{k}}^{(2)}=\dfrac{\sqrt{3}}{2}I_{\mathrm{k}}^{(3)}$。于是，可以构成图5-8的流程，提高了电流保护的灵敏度。图中只画出了电流速断逻辑的流程示意图，流程的工作过程由读者自行分析。

图5-8中，I^{I}是按照最大运行方式和三相短路情况下，计算出来的电流速断整定值，此时，灵敏度只要按照最小运行方式下的三相短路来校验。下面，分析灵敏度得到提高的程度。

传统电流速断的最小保护范围为

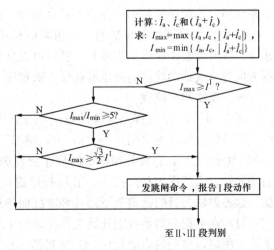

图 5 - 8 提高灵敏度的电流速断流程图

$$l_{\min} = \frac{1}{Z_1}\left[\frac{\sqrt{3}}{2K_K}(Z_{S\min} + Z_1 l) - Z_{S\max}\right] \quad (5-5)$$

式中　$l_{\min}$——电流速断保护的最小保护范围；

　　　Z_1——线路单位长度的正序阻抗，Ω/km；

　　　K_K——电流速断保护的可靠系数，一般取为 $1.2\sim1.3$；

　　　l——线路全长，km；

　　$Z_{S\min}$——归算到保护安装处的系统等值阻抗最小值；

　　$Z_{S\max}$——归算到保护安装处的系统等值阻抗最大值。

采用区分故障类型、自动调整电流定值的方法后，电流速断的最小保护范围为

$$l'_{\min} = \frac{1}{Z_1}\left[\frac{1}{K_K}(Z_{S\min} + Z_1 l) - Z_{S\max}\right] \quad (5-6)$$

于是，电流速断的灵敏度得到提高的百分比为

$$\alpha = \frac{l'_{\min} - l_{\min}}{l} \times 100\% = \frac{1 - \sqrt{3}/2}{K_K}\left(\frac{Z_{S\min}}{Z_1 l} + 1\right) \times 100\% \approx \frac{0.134}{K_K}\left(\frac{Z_{S\min}}{Z_1 l} + 1\right) \times 100\%$$

$$(5-7)$$

式（5-6）和式（5-7）中，各参数的含义与式（5-5）相同。

由式（5-7）可以看出，灵敏度增加的百分比至少为 $\alpha_{\min} = \dfrac{0.134}{K_K} \times 100\%$。取 $K_K = 1.25$ 时，灵敏度增加的百分比至少为 $\alpha_{\min} \geqslant 10.7\%$。

顺便指出，对于引入三相电流构成的电流保护来说，很容易通过故障电流的特征区分出是两相短路还是三相短路，以实现提高电流保护灵敏度的目的。

5—4　高压线路保护流程图

本节先介绍众多流程图构成方法中的一种粗略流程图，随后再介绍几个典型的功能模块。假定数据采集系统和微型机的接口方案为程序查询方式，用这一方式时，与控制数据采集系统相关的程序流程图已在第 1 章介绍过，这里不再重复，仅用一个框图表示。

图 5-9 为高压线路保护的一种粗略流程示意图，全部流程可以分成若干个典型的功能模块。将典型模块再进一步展开，就可以得到详细的程序流程图。对于以分相电流差动或高频方向为全线速动功能的高压线路保护流程图，可以参照图 5-9 进行编制。

一、系统程序流程

图 5-9（a）系统程序流程的逻辑和工作过程与图 5-2（a）相似，在此，不再重复介绍。二者的主要区别是图 5-9（a）中，增加了一个设置启动标志，且相当于启动元件已经动作 150ms 之后，以便控制保护的程序流程进入振荡闭锁方式，从而将保护功能流程中的启动元件、高频保护和阻抗Ⅰ、Ⅱ段程序退出工作，待整组复归后，再开放所有的保护功能。这种做法的目的是避免下面几种情况而导致保护误动。

（1）在数据采集系统刚开始工作时，由于采样循环寄存器中的数据在初始化时已被全部清零，所以，突变量启动元件一旦立即投入运行，就很容易在正常负荷电流情况下造成启动，而此时，没有任何记忆分量能够参与保护功能的判别。

（2）刚合上直流电源时，如果电力系统正在振荡，那么，立即投入高频保护和阻抗Ⅰ、

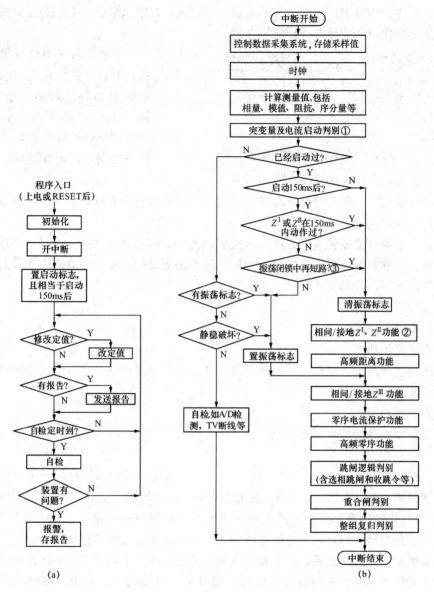

图 5 - 9　高压线路保护流程示意图

(a) 系统程序；(b) 中断服务程序

Ⅱ段是很容易导致误动的。虽然继电保护设备可以不考虑极端罕见的运行情况，但是，若用可靠且不太复杂的方法就可以处理时，应当尽量予以兼顾。

二、高压线路保护流程

微机保护的功能和逻辑主要由软件实现，通常可以在不增加任何硬件的条件下同时构成多种继电保护的功能。高压线路保护的功能流程设计在中断服务流程 [如图 5 - 9 (b) 所示] 中，主要包括 11 个部分的内容。

（1）用程序查询方式控制多路开关和模数转换器，轮流将各模拟输入量的采样值转换成数字量（如果是 VFC 数据采集系统，那么，直接读取各通道的计数值），然后存入 RAM 区的采样值循环寄存器中，并尽可能检查每一组采样值，确保采样值是可信的。

（2）计算保护功能中用到的所有测量值，如阻抗、方向、电流、电压和序分量等。各种测量元件及选相模块的计算方法详见第 3 章。

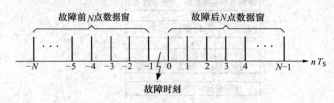

图 5-10　非单调算法的数据窗示意图

当计算方法不具有单调的动态特性时，计算数据应都取故障后的数据或都取故障前的数据进行计算，如图 5-10 所示。一般情况下，当微型机取得故障后足以滤波的采样点数据后，才开始进行测量值计算。图 5-10 中，假设滤波的点数为 N。

在计算测量值时，应实时计算故障相别对应的测量参数。非故障相别的测量参数可以实时计算，也可以分时计算。

（3）设置了电流突变量启动元件和电流启动元件，判断电力系统是否发生短路。其中，电流启动元件能够监视各种故障情况，包括电流变化缓慢的故障；而电流突变量启动元件在大部分故障情况下，能够快速启动。

（4）高频保护功能。

（5）距离保护功能。

（6）零序保护功能。

（7）跳闸逻辑判别。根据是否已经有发跳闸命令的标志情况，进行选跳和故障是否已切除的判别功能。

（8）重合闸功能。

（9）振荡闭锁期间的再短路识别。

（10）整组复归功能。

（11）必须在中断服务程序中进行的一些自动检测项目，例如：对每一组采样值检查三相电流之和是否与 $3i_0$ 相近、三相电压之和是否与 $3u_0$ 相近等，实现 TA、TV 的断线检测功能；检测 A/D 模数转换回路。短路期间，如果这些检测方法不准确，那么在保护启动后，可以退出相应的自检项目，以免短路电流很大时，由于不平衡电流造成误判断。

对于微机保护，还应记录每个测量和逻辑元件的动作、返回时刻，相应的测量值，以及开入、开出的情况，所有中间过程的记录都将有助于事故的分析和内部逻辑动作过程的分析，有助于设计、制造、运行和维护。

下面简要介绍高压线路保护功能的工作过程。

（1）系统正常运行。系统在正常运行时，启动元件不动作，中断服务程序主要进行数据采集、计算各种测量参数、启动元件判别和数据自检功能，处于监视电力系统是否发生短路的状态，是否出现静稳破坏。系统流程则执行人机对话、定值管理、显示、通信和各种软硬件自检等功能。

（2）本线路发生短路。本线路发生短路时，启动元件检测出系统发生了短路。于是，一方面驱动启动继电器，开放出口回路的负电源端（参见图 1-37），同时启动收发信机（以高频闭锁方式为例）；另一方面，设置启动标志，表明启动元件已经动作。随后，流程进入高频保护、距离保护、零序保护的功能和逻辑判断，包括停信、收信和方向、动作值比较等，任何一种保护元件满足动作条件，都会由跳闸逻辑判别模块发出跳闸命令，并存储相应的报告，以便显示和上传。由图 5-9（b）可以看出，在启动元件已经动作后，退出了断线检测的判别等。

当故障切除后，保护的测量元件返回，流程进入判断重合闸和整组复归状态。如果满足重合闸的条件，则发出重合命令，并准备重合闸后加速功能（图 5-9 中未画出）。

在保护发出跳闸命令后，监视故障是否已经切除。如果发出单相跳闸命令后的 200ms 时间内，故障相仍然持续有电流，则表明故障相未切除，保护装置立即再发三相跳闸命令，补跳一次。如果在发出跳闸命令的 5s 后，故障还没有切除，则发出呼唤警报。此后微型机处于等待值班人员处理的状态。实际上，如果是断路器失灵，在 5s 内保护跳闸出口不返回，失灵保护将动作切除故障线所在母线上的所有断路器，所以不会有上述报警发生。但程序设计总要考虑各种可能性，保证在任何情况下都应该记录到发生了何种异常情况，同时，避免流程进入死循环。

图 5-11 是一种整组复归的逻辑示意图。第Ⅲ段阻抗测量元件 Z^{III}、A 相电流测量元件 LJa 和零序电流测量元件 $3I_0$ 三个测量元件在 t_1 的时间内均不动作，表明故障切除且振荡停息才进行整组复归功能。复归的内容

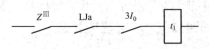

图 5-11　整组复归逻辑

包括对启动标志、振荡标志和其他标志进行清零，让每一个"软继电器"和逻辑状态都恢复正常，准备下一次动作。

考虑到下面两种情况，取二者中的最大时间作为 t_1 的设置时间，并留有一定裕度：①躲过最大的振荡周期；②相邻线重合闸周期，加上重合于永久故障保护再次动作的最长时间，以防止相邻线非同期重合闸时，振荡中心落入本线路引起的误动作[34]。

（3）非本线路短路。

1）如果突变量和电流辅助启动元件都不动，则表明短路点发生在区外很远处，于是，保护的工作过程与正常运行情况相似。

2）当启动元件动作时，置启动标志，并驱动启动继电器。在启动后的 0.15s 时间内，如果阻抗Ⅰ或Ⅱ段动作，则继续执行阻抗Ⅰ、Ⅱ段保护的功能，不进入振荡闭锁模式。在启动后的 0.15s 时间内，如果阻抗Ⅰ、Ⅱ段一直不动作，那么，流程就将工况设置为振荡闭锁模式，把可能因振荡而误动的高频保护和阻抗保护Ⅰ、Ⅱ段功能退出。这就是常规距离保护采用的短时开放方法。

在振荡闭锁期间，可以采用能够区分振荡与短路的方法，再次开放故障相的阻抗Ⅰ、Ⅱ段。

无论是否出现振荡，都将投入不会因振荡而误动的保护，如阻抗Ⅲ段、零序保护和高频零序保护。

（4）静稳破坏。静稳破坏时，由静稳破坏模块中的 Z^{III} 和 LJa 检测出来，随即，设置振荡标志，同时，还设置启动元件处于启动 150ms 后的模式，控制流程按照振荡闭锁模式执行，其余过程与（3）类似。

应当说，静稳破坏较剧烈时，突变量元件可能会动作，但是，这种情况下，静稳破坏检测元件会先于突变量元件而动作，保证流程进入振荡闭锁模式。

图 5-9 中，模块①、②、③将在后面介绍；零序保护功能的流程与上一节相似；其余的保护、重合闸功能、逻辑以及其他的运行工况，可参阅《电力系统继电保护原理》[15,33] 和

《四统一高压线路继电保护装置原理设计》[34]，由读者自行分析。

三、典型模块的流程

1. 突变量启动

对应图 5-9 中的模块①。

对继电保护启动元件的一个基本要求是灵敏度较高，并且能反应各种故障，因此常规保护常用负序电流、零序电流共同构成启动元件。微机保护则通常采用电流突变量作为快速的启动元件，监视绝大部分的故障；再用相电流和零序电流作为稳态量启动元件，监视大过渡电阻接地等极少数电流变化较缓慢的故障。

突变量启动元件的典型程序流程如图 5-12 所示。注意，它是安排在中断服务程序中的，因此是每一个 T_S 采样间隔执行一次，以保证实时监视电力系统是否发生故障。图中，$\Delta i_a(k)$ 为按式（3-33）计算得到的当前 k 采样时刻的 A 相电流突变量。k_A 为 RAM 区某一字节的存储单元，用作计数标志，其数值代表了 $\Delta i_a(k)$ 大于启动门槛的次数。在初始化和整组复归时，k_A 应被清零。

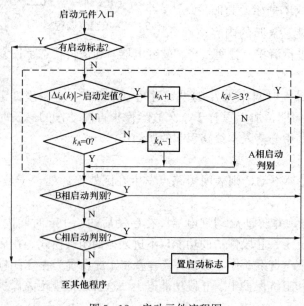

图 5-12　启动元件流程图

如果 $\Delta i_a(k)$ 大于启动定值，则 k_A 加 1；如果 $\Delta i_a(k)$ 小于启动定值，则 k_A 减 1，直到递减到 0 为止，防止干扰引起一两个采样值超过启动定值而造成计数器 k_A 累积。当 $k_A \geqslant 3$ 时，表明电流突变量 $\Delta i(k)$ 累计有三次超过定值门槛，满足启动条件，于是，启动元件动作，并置一个启动标志，相当于启动元件处在自保持状态，一直保持到整组复归。采用图 5-12 所示的构成方式，也有利于提高启动元件的抗干扰能力。应当说，这种启动方法在故障电流越大时，启动越快速、越灵敏。

图中只详细画出了 A 相部分，B 相和 C 相的流程与 A 相一样，当然，B 相和 C 相也应该有各自独立的计数标志（如 k_B、k_C），三者构成"或"的关系。从 3-3 节的分析可知，这种由三个相电流突变量构成的启动元件可以可靠地反映各种类型的短路。

对应图 5-12，当第一个框图判别到有启动标志时，直接跳过启动元件的判别，即退出启动元件。当然，根据需要还可以投入转换性故障的判别元件。

顺便指出，以突变量作为启动元件的保护，在进行试验和验证时，应在交流电流回路上产生一个大于启动定值的突然变化，才能启动保护装置。

2. 阻抗逻辑

（1）阻抗逻辑流程。

对应图 5-9 中的模块②，阻抗Ⅰ、Ⅱ段逻辑的流程如图 5-13 所示。由于阻抗Ⅲ段的逻辑较为简单，所以在此不作分析。

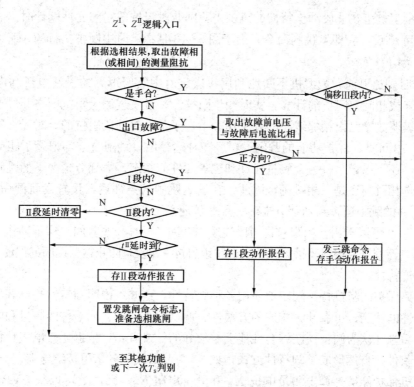

图 5-13 Z^{I}、Z^{II} 逻辑流程图

在图 5-13 中，首先根据故障后的测量值和选相结果，取出故障相（或相间）阻抗的测量值，再从开关量输入端读取开入信息，判别是否有手合开入。如果有手合开入，则表明是手合在故障线路上，可以加速阻抗Ⅲ段跳闸。当然，在读取手合开入信息的过程中，应考虑采取抗干扰和确认等措施，避免在Ⅲ段内的相邻线路或反方向出口发生短路时，又碰上错误地读到手合信息，从而导致误加速动作，因为短路期间的干扰是相当严重的。还可以考虑，线路上有一定电流时，表明断路器处于合闸状态，不进行手合开入判别。

为了适应电压互感器装设在线路侧的场合，阻抗Ⅲ段的特性为偏移特性，包含了坐标原点。如果手合于正常线路，保护虽然可能启动，但测量阻抗在偏移Ⅲ段以外，保护不会跳闸，从而转至下一次判别。通常，可以将手合信号设置为 2s 的自保持延时，在手合后的 2s 内都可以实现短路的加速跳闸。

在没有手合加速信号的情况下，流程的下一步是判断是否为出口短路。如果是金属性出口短路，此时，电压为零，计算结果 X_{m} 和 R_{m} 理论上均应为零。但实际上，由于各种噪声的存在，使得实测的 X_{m} 和 R_{m} 为不等于零的很小数值，且符号可能为正也可能为负，与噪声一样均为随机的。因此，不能用 X_{m} 和 R_{m} 的符号作为判别正、反方向出口故障的依据。为此，加设了以下出口短路和方向的判别条件：①先判断是否为出口短路，判断的准则是 X_{m} 和 R_{m} 的绝对值均远小于阻抗Ⅰ段的定值，或小于 0.5Ω；②如果符合出口短路的条件，则从存放采样值的循环存储器中，调取故障前一个工频周期的电压量同故障后的电流量进行方向比较，以便判别是正方向还是反方向的出口短路。被调取的电压实际上就是记忆电压。

如果不是出口短路，则实测 X_{m} 和 R_{m} 的符号可以用来作为方向判别的依据。此时，若判断出测量阻抗落在Ⅰ段动作特性的范围内，就立即控制开出回路，发出跳闸命令。

如果测量阻抗落在Ⅱ段动作特性的范围内，则Ⅱ段阻抗的时间元件就计时。当Ⅱ段延时达到整定时间 t^{II} 后，立即发跳闸命令。由于图 5-13 是在定时中断中执行的，所以，每次计时的时间单元均为 T_s。

在 t^{II} 延时到达以前，微型机不断地利用每次定时中断所得到的最新电压和电流采样值进行故障相（或相间）阻抗的计算，实时测量阻抗。一旦发现测量阻抗不在Ⅱ段动作特性的范围内，就表明故障已由相邻线路的开关切除了，于是，对Ⅱ段阻抗的计时元件予以清零。

从图 5-13 可见，保护功能的跳闸逻辑经各种途径出口跳闸时，都记录了相应的动作报告，实际上，还可以记录每一个测量元件和逻辑元件的状态。大部分情况下的跳闸逻辑功能还要判别是选相跳闸还是三相跳闸，因此，在满足跳闸的条件后，设置发跳闸命令的标志，准备由图 5-9 的跳闸逻辑判别部分来确定是选跳还是三相跳闸。

结合图 5-9 可以看出，当阻抗Ⅰ、Ⅱ段连续 150ms（短时开放时间）均不动作时，退出图 5-13 的逻辑，流程进入振荡闭锁方式，实现闭锁阻抗Ⅰ、Ⅱ段，防止振荡期间的误动。

（2）阻抗特性。

常规距离保护的阻抗特性较多地使用各种圆特性，这并不说明圆特性是最好的特性，而是综合了特性的性能、可靠性、构成的方便性、调试的简便性、元器件的数量和电路的复杂程度等因素后，才认为圆特性在综合性能上是较好的。或者是，依据比较电气量特征所构成的动作判别条件，自然形成了圆特性方式，如 3-7 节的故障分量阻抗继电器。

由于微机保护能够计算出测量电抗 X_m 和测量电阻 R_m，因此，可以很方便地用一个圆的表达式来实现任意的圆内动作特性。通用圆特性的动作方程为

$$| Z_m - \dot{O} | \leqslant r \qquad\qquad (5-8)$$
$$(X_m - X_0)^2 + (R_m - R_0)^2 \leqslant r^2$$

式中　　$\dot{O}$——圆心相量，$\dot{O} = R_0 + jX_0$；

$\quad X_0$、R_0——圆心向量的电抗和电阻分量；

$\qquad r$——圆的半径。

如果希望构成圆外动作，那么，只要将小于或等于符号改为大于符号即可。

对于图 5-14 所示的各种圆特性，可以方便地确定圆心参数 X_0、R_0 和半径 r 的大小，代入式（5-8）即可实现相应的特性。还可以由两个相交的圆特性，通过构成"与"、"或"逻辑，实现橄榄形或苹果形特性。

微机保护的可靠性是很高的（如绪论所述），并且，通常可以在不增加任何硬件的条件下，由软件实现各种保护功能和图 5-14 所示的各种特性，因此，微机保护不受可靠性、构成的方便性、元器件的数量和复杂程度等因素影响。从理论上说，微机保护可以实现任意的特性，无论多么复杂的特性，微机保护均可以通过软件设计，方便地予以实现，并且一旦完成设计，除了测量误差的影响外，特性不会出现任何变动。

在各种阻抗动作特性中，图 5-15 所示的多边形特性是一种很好的阻抗特性。该特性既可以有效地防止相邻线路出口经过渡电阻接地时的超越，又可以在区内经较大过渡电阻接地时，保证可靠动作，还可以在振荡闭锁期间，通过减小 R_{set} 方向的数值，降低振荡的影响。

图 5-15 所示的 $R-X$ 平面多边形特性中，设计的思路为：①在第一象限中，与水平虚线成 α 夹角的下偏边界（直线 1），是为了防止相邻线路出口经过渡电阻接地时的超越而设

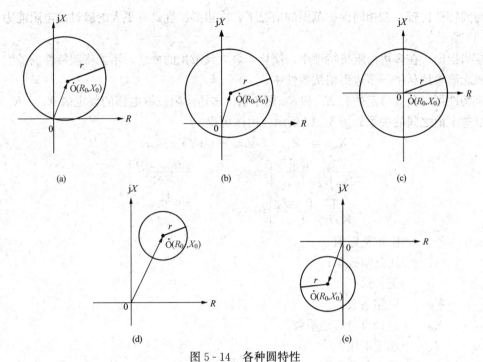

图 5 - 14　各种圆特性

(a) 方向特性；(b) 偏移特性；(c) 全阻抗特性；(d) 上抛特性；(e) 下抛特性

计的，α 值的选择原则应以躲区外故障时的超越为准，通常取 $\alpha=7°\sim10°$；②第四象限向下偏移的边界（直线 3），是在本线路出口经过渡电阻接地时，保证保护能够可靠动作而设计的；③第一象限与 R 轴成 60°夹角的边界（直线 2），是为了提高长线路避越负荷阻抗的能力，考虑了各种线路的阻抗角，保证在各种输电线路情况下，动作特性均有较好的躲过渡电阻能力；④直线 4 是考虑到金属性短路时，动作特性有一定的裕度。图中，第二象限和第四象限的边界线均倾斜 14°角，是因为 $\tan14°\approx1/4$，实现最方便。这两个倾斜的角度最大可以取为约 30°。

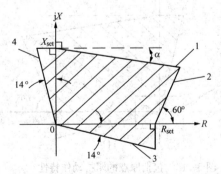

图 5 - 15　方向阻抗动作特性

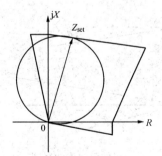

图 5 - 16　多边形与圆特性比较的示意图

多边形特性均由直线组成，微机距离保护很容易予以实现。在通过阻抗计算求得 X_m 和 R_m 的分量后，很方便地实现直线特性的比较。此外，X_{set} 和 R_{set} 可以独立整定的多边形特性也容易满足长线路和短线路的不同要求，如对短线路可以加大 R_{set}/X_{set} 值，以增强允许过渡电阻的能力；对长线路则减小 R_{set}/X_{set} 值，以避越负载阻抗。

与圆特性比较，在相同保护范围的情况下，多边形特性具有更大的躲过渡电阻能力，如图 5-16 所示。

应当指出，在多边形阻抗特性中，淡化了最大灵敏角的概念，不能将圆特性的最大灵敏角的概念简单地移植到多边形阻抗特性中。

该特性可以独立整定的有 X_{set} 和 R_{set} 两个量。多边形阻抗继电器的整定值 X_{set}、R_{set} 与常规阻抗整定值之间的关系如图 5-17 所示。由图可得

$$X_{set} = | Z_{set} | (\sin\varphi_d + \tan\alpha \cdot \cos\varphi_d) \quad (5-9)$$

$$R_{set} \leqslant \frac{1}{K_K K_Z} \frac{0.9U_N}{I_{Lmax}} \left[\cos(\varphi_{Lmax}) - \frac{\sin(\varphi_{Lmax})}{\tan60°} \right]$$

$$= \frac{1}{K_K K_Z} \frac{0.9U_N}{I_{Lmax}} \left[\cos(\varphi_{Lmax}) - \frac{\sin(\varphi_{Lmax})}{\sqrt{3}} \right] \quad (5-10)$$

以上式中　　Z_{set}——阻抗整定值；

$\quad\quad\quad\quad\varphi_d$——线路阻抗角；

$\quad\quad\quad\quad\alpha$——下斜角；

$\quad\quad\quad\quad K_K$——可靠系数；

$\quad\quad\quad\quad K_Z$——电动机自启动系数；

$\quad\quad\quad\quad U_N$——额定电压；

$\quad\quad\quad\quad I_{Lmax}$——最大负荷电流；

$\quad\quad\quad\quad\varphi_{Lmax}$——最大的负荷阻抗角。

式（5-10）中，$\left(\frac{1}{K_K K_N} \frac{0.9U_N}{I_{Lmax}} \right)$ 项对应图 5-17 中边界点 Z_{op} 处的绝对值。

为了适应电压互感器在线路侧的场合，Ⅲ段的阻抗特性应带偏移，使之包括坐标原点，这对微机保护来说是极易实现的。实际上，在偏移阻抗特性的比较中，除了执行图 5-15 的多边形特性外，再叠加了一个包括原点的矩形特性，二者构成"或"的关系，如图 5-18 所示。顺便指出，重合闸时宜采用这种带偏移的阻抗特性。

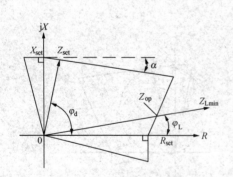

图 5-17　阻抗整定值关系图

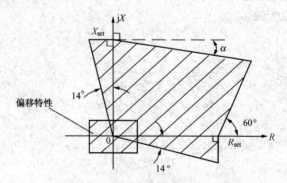

图 5-18　包括原点的阻抗动作特性

3. 振荡闭锁期间的再短路

对应图 5-9 中的模块③。

电力系统发生区外短路后，在保护振荡闭锁整组复归前，如果再发生内部故障，那么，常规距离保护只能以阻抗Ⅲ段延时（躲振荡延时）来跳闸，或依赖其他保护，如高频零序保护、零序保护或分相电流差动保护。考虑到高频保护因通道问题而停运的情况

时有发生，而距离Ⅲ段在时间上又往往没有选择性，这种在短时间内有两处相继故障的几率虽然不多，但万一发生，后果却极为严重。为此，可以利用微型机能够进行数值计算和记忆的特点，设置能够有效地区分振荡和短路的程序模块，在短路情况下再次开放被闭锁的故障相保护，用以切除振荡中（或振荡闭锁期间）再短路的故障。再短路的开放手段可以采用$U\cos\varphi$、电流不对称原理、阻抗变化规律等方法。下面说明利用测量阻抗变化规律的方法。

（1）系统振荡时，保护安装处的测量电阻随时间不断地持续变化，且有时变化缓慢、有时变化剧烈，变化速率取决于振荡周期和功角δ。测量电阻随时间变化的情况如图5-19（a）中的曲线1或曲线2所示。测量阻抗Z_m在$R-X$平面上的轨迹如图5-19（b）所示，测量阻抗轨迹是一条直线还是圆弧，决定于两侧电源等值电动势的大小。

（2）被保护线路突然发生短路时，测量阻抗的电阻分量虽然也可能因电弧拉长而略有变化，但分析和计算指出，电弧电阻的变化速率远小于迄今记录的最大可能的振荡周期所对应的电阻变化速率。于是，短路时，测量电阻先有一个突变，随后，测量电阻基本上为短路电阻R_K，其数值变化很小或几乎维持不变，如图5-20所示。图中，t_1时段的电阻变化率很大，t_2和t_3时段的电阻变化率都很小。一般取$t_1\approx t_2\approx t_3$。当然，测量阻抗也有类似的规律。

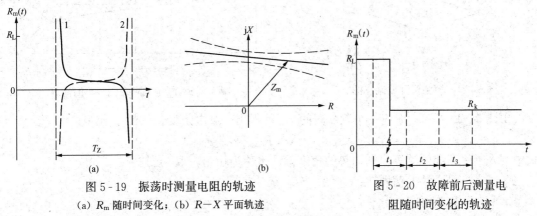

图5-19　振荡时测量电阻的轨迹　　　　图5-20　故障前后测量电
（a）R_m随时间变化；（b）$R-X$平面轨迹　　　阻随时间变化的轨迹

这样，利用（1）和（2）的特征区别，可以构成图5-21的短路再开放逻辑。图中，R_Z为考虑振荡周期、功角δ、系统等值综合阻抗和计算时间间隔等多种因素后，确定的一个电阻变化率定值。

图5-21模块流程的工作过程如下。

在系统振荡期间，电阻变化率一般小于16倍的R_Z定值，所以，不满足图5-21中条件1的判别条件。如果振荡较剧烈，导致满足条件1，那么，由于电阻变化率仍然会持续变化较大，不会满足条件2，保证不开放。条件3是为了进一步可靠而设计的。这样，经过三个条件的把关，保证在系统振荡期间不会误开放。

在振荡闭锁期间，绝大部分情况下，系统并未出现振荡，此时，若发生保护区内短路，一般能够满足图5-21中的三个条件，于是，可以再次开放被闭锁的保护。应当说明，由于保护一直在测量阻抗，所以，仅仅将出现电阻变化率满足条件1的对应时间段称为t_1时间，随后才进行t_2和t_3阶段的判别，如图5-20所示。完成条件1、2、3判别所需的总时间为

$t_1+t_2+t_3$，于是，至少需要经过 $t_1+t_2+t_3$ 的延时确认后，才能开放故障相的阻抗元件。

图 5-21 的方案已经应用于早期的 WXB-01 型保护。在 WXB-01 型保护中，由于计算时间间隔 t_1、t_2 和 t_3 约等于 70ms，所以，经过分析、仿真和验证后，建议 220kV 线路取 $R_Z=5\Omega$（一次值）。

进一步推导、分析与仿真，还可以得出，如果在某一个时间段内，测量电阻一直在变化，且超过一个门槛值，则可以判定为系统处于振荡状态。为此，考察振荡期间电阻变化最小的情况。分析图 5-19（a）可以知道，振荡时电阻变化最小的情况出现在下列条件：①$\delta=180°$ 附近；②最大的振荡周期 T_{Zmax}。于是，考虑①和②的条件后，将电阻随时间变化的最缓慢的轨迹画出，示于图 5-22。

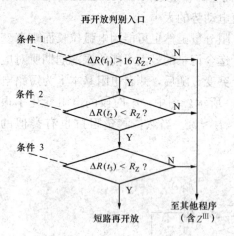

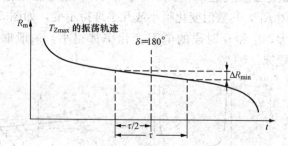

图 5-21 短路再开放流程图   图 5-22 测量电阻变化最小的情况

由图 5-22 可知，对应一个判断时间 τ，就得出一个电阻变化的最小值

$$\Delta R_{min} = f(\delta, T_{Zmax}, \tau, Z_{S\Sigma min}) \tag{5-11}$$

式中 δ——系统两侧等值电动势的角度差，也称为功角，取 $\delta=180°$；

     T_{Zmax}——最大的振荡周期；

       τ——判断时间；

   $Z_{S\Sigma min}$——系统综合阻抗的最小值。

这样，在振荡期间，对应于任何的振荡周期和任何的 τ 时间，均有

$$\Delta R \geqslant \Delta R_{min}(180°, T_{Zmax}, \tau, Z_{S\Sigma min}) \tag{5-12}$$

式中 ΔR——τ 时间内测量电阻的最大值与最小值之差。

因此，考虑误差和裕度后，取振荡判别的条件为

$$\Delta R \geqslant K \cdot \Delta R_{min}(180°, T_{Zmax}, \tau, Z_{S\Sigma min}) \tag{5-13}$$

式中 K——小于1的可靠系数。

于是，每设定一个判断时间 τ，就可以得出对应的 ΔR_{min}（$180°$，T_{Zmax}，τ，$Z_{S\Sigma min}$），从而构成一个随判断时间 τ 自动调整的浮动判别门槛。应当说，式（5-13）的振荡判别方法已经考虑了各种因素的影响，包括 τ 不在 $\delta=180°$ 附近时的影响。

综合上述分析后，得到区分短路与振荡的判别方法。

（1）在时间 τ 内，满足 $\Delta R < K \cdot \Delta R_{min}$（$180°$，$T_{Zmax}$，$\tau$，$Z_{S\Sigma min}$）的条件，则判定为系统发生了短路。条件是苛刻和可靠的。

（2）在时间 τ 内，满足 $\Delta R \geqslant K \cdot \Delta R_{min}$（$180°$，$T_{Zmax}$，$\tau$，$Z_{S\Sigma min}$）的条件，则按照系统发生了振荡的情况来处理。

振荡闭锁期间，在短路情况下，可能由于判断时间 τ 太小，或测量电阻略有波动，导致暂时满足式（5-13）的条件，但是，可以通过逐步加大 τ，自动放宽 $\Delta R < K \Delta R_{min}$（$180°$，$T_{Zmax}$，$\tau$，$Z_{S\Sigma min}$）的条件，使之逐渐判别出短路。

另外，采用不对称分量比较的方法能够有效地区分出振荡期间的不对称短路，除非是 $\delta \approx 180°$ 时在振荡中心附近的短路；采用 $U\cos\varphi$ 可以应用于识别振荡与三相短路。

四、微机距离保护的基本逻辑

为了加深对图 5-9 流程图的理解，建立起一个比较完整的距离保护逻辑与时序的配合关系，从逻辑关系的角度进一步阐述流程图的设计和工作过程，另一方面，又可以将电力系统继电保护原理中与距离保护相关的原理、影响因素及其对策等内容结合起来，形成一个比较完整的逻辑关系，为此，下面介绍一下微机距离保护的基本逻辑，如图 5-23 所示。应当说，距离保护流程图的编制应满足图 5-23 的基本逻辑关系。

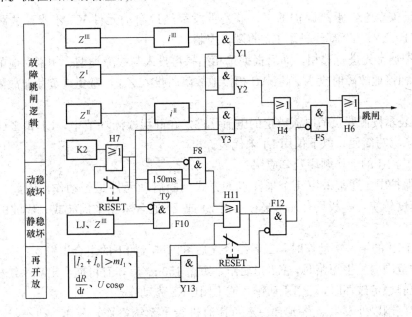

图 5-23 距离保护逻辑示意图

（一）说明

（1）图 5-23 中，某元件或逻辑动作时输出为 1，不动作时输出为 0。

（2）逻辑符号的图例及说明见表 5-2。

（3）K2 表示启动元件，以电流突变量 ΔI、零序电流为主。K2 动作后由 H11 构成自保持，直到整组复归逻辑作用于 RESET 时，才消除自保持。

顺便提及，包含有纵联和距离、零序的整套微机线路保护中，在 Z^{III} 以及 $3I_0^{IV}$ 的末端发生故障时，必须保证 K2 仍有足够的灵敏度。

（4）Z^{I}、Z^{II}、Z^{III} 分别表示距离保护的 I、II、III 段阻抗测量元件，各段还分为相间阻抗和接地阻抗，以及耐受高阻的单相接地阻抗。实际上，还可以根据选相结果仅投入故障特征最明显的阻抗元件。

表 5-2 逻 辑 符 号

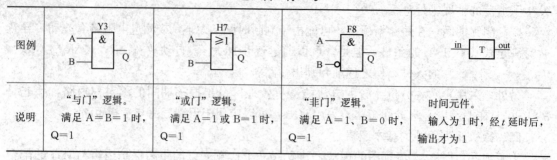

	图例	说明
"与门"逻辑。		满足 A＝B＝1 时，Q＝1
"或门"逻辑。		满足 A＝1 或 B＝1 时，Q＝1
"非门"逻辑。		满足 A＝1、B＝0 时，Q＝1
时间元件。		输入为 1 时，经 t 延时后，输出才为 1

注 1. 为了书写简便，用 Y 代表与门、H 代表或门、F 代表否门、T 代表时间元件。

2. 数字编号是为了指明具体的逻辑单元。如：Y3 表示编号为 3 的与门；H7 表示编号为 7 的或门；F8 表示编号为 8 的非门。

3. 在非门逻辑中，"非"端（图例的 B 端）为 1 的逻辑信号通常也称为闭锁信号。

4. 时间元件中，时间为可整定，或固定为具体的参数。图 5-9 中，T12 的延时固定为 150ms。

为了保证安全性，距离保护的 I、II、III 段都经过启动元件 K2 才能开放跳闸，如图 5-23 中的 Y1、Y2、Y3 都经过了 K2 的逻辑控制。

微机保护通常先进行选相，而后根据选相结果再投入与故障类型、相别对应的阻抗测量元件，如 A 相接地故障时投入 Z_A，AB 相接地故障时投入 Z_{AB}，避免重负荷非故障相测量阻抗的误动。

（5）LJ 表示按照躲负荷电流整定的电流元件。在静稳检测环节中，LJ 和 Z^{III} 构成"或"的逻辑。为了书写简便，以下仅用 LJ 来代表。

（6）K2 与 LJ 的动作顺序及其应用。

在微机保护中，通常采用几个采样点的方式判断启动元件是否动作，因此，启动元件 K2 的动作速度较快，一般只有几个毫秒；而 LJ 或 Z^{III} 通常采用半周波或一周波的采样点才能计算出来。

在 K2 与 LJ 的第一次动作时，二者结合之后可以进行如下的组合识别。

1）保护范围内发生短路时，K2 先动作。短路 150ms 后，有可能会出现系统振荡。

2）系统静稳定破坏时，仅 LJ 动作，或 LJ 比 K2 先动作。

3）保护范围以外发生短路或有一定负荷时进行了系统操作，仅 K2 动作，随后 K2 与 LJ 先后动作。

F10 构成了 K2 与 LJ 动作顺序的识别。①若 K2 先于 LJ 动作，则 K2 的逻辑 1 由 H7 立即连接到 F10，迫使 F10 的输出为 0，之后，无论 LJ 是何逻辑，F10 的输出均为 0，从而关闭静稳识别的功能。②若仅 LJ 动作（或 LJ 先动作），则判定为静稳破坏，F10 输出 1，随即 H11 输出 1，并自保持，从而进入振荡闭锁状态，经 F5 闭锁可能会误动的距离 I、II 段。振荡十分剧烈时，可能由于频率波动或不平衡电流增大而导致 K2 也动作的情况，但此时 LJ 已经满足先动作的条件，H11 仍然维持在动作并自保持的状态，因此，这种情况下 K2 的动作并不影响逻辑处于振荡闭锁的工况。

（7）T9 反映了"短时开放"的设计。理论分析和运行实践表明，在故障 150~250ms 之后，才可能出现对距离 I、II 段产生影响的振荡。目前，微机保护的短时开放时间通常设计为 150ms。

在 K2 启动 150ms 之后，距离保护可能会进入振荡闭锁状态。此时分为两种情况。

1）Z^{II} 在 150ms 之内动作，则关闭 F8，使 F8 无输出，不进入振荡闭锁状态，继续开放距离保护 I、II 段。

2）Z^{II} 在 150ms 之内不动作，则 F8 满足输出 1 的条件，经 H11 输出 1，并自保持，进入振荡闭锁状态，经 F5 闭锁距离保护的 I、II 段。

距离 III 段依靠 t^{III} 的长延时躲过振荡的影响，因此，距离 III 段不经振荡闭锁控制。

（8）在振荡闭锁期间，如果确认系统又发生了短路，那么，可以通过识别短路的方法再次开放被闭锁的距离元件，这个逻辑称为"短路再开放"。这是应用了微机保护之后，才具备的附加功能。

$|\dot{I}_2 + \dot{I}_0| > mI_1$、$dR/dt$、$U\cos\varphi$ 等方法主要应用于振荡闭锁期间（对应于 H11 为 1 时）识别系统是振荡还是短路。Y13 的逻辑表明了"再开放"元件仅在振荡闭锁期间投入使用。

应当说，在振荡闭锁期间，必须十分有把握地确认了系统确实又发生了短路，才允许"再开放"逻辑为 1，以便确保距离保护不误动。当然，"再开放"后，最好仅投入受振荡影响较小的故障相阻抗元件。

（9）整组复归逻辑示意图如图 5-11 所示。

在图 5-23 中，采用了常闭的 RESET 按钮代替 H7、H11 复归的示意图。

（二）动作过程

1. I 段内故障

启动元件 K2 动作，Z^{I}、Z^{II}、Z^{III} 和 LJ 动作。

K2 先动作，分别给 Y1、Y2、Y3 提供一个条件，开放距离保护的 I、II、III 段，并启动 T9 的 150ms 延时，同时关闭 F10。随后，连接到 F10 的 Z^{III}、LJ 动作逻辑成为无效，F10 被强制输出 0。另外，由于 Z^{II} 动作，在 T9 延时 150ms 之前就关闭了 F8，这样，F8 和 F10 输出 0 共同实现 H11 无输出，不进入振荡闭锁状态。

当 Z^{I} 动作后，Y2 又满足另一个条件，与 K2 动作共同使 Y2 输出 1，经 H4 使 F5 满足一个条件，此时，由于 F5 的"非"端为 0，因此 F5 输出 1，经 H6 发出跳闸命令。

在此期间，虽然 Z^{II}、Z^{III} 元件也动作，但 t^{II}、t^{III} 延时的存在，不会发出跳闸命令。通常情况下，Z^{I} 发出跳闸命令后，断路器跳开，随即 Z^{II}、Z^{III} 测量元件返回，当然，如果 Z^{I} 拒动，则 Z^{II} 延时后发出跳闸命令。

2. I 段外 II 段内故障

启动元件 K2 动作，Z^{I} 不动，Z^{II}、Z^{III} 和 LJ 动作。

K2 先动作，分别给 Y1、Y2、Y3 提供一个条件，并启动 T9 的 150ms 延时，同时，关闭 F10。随后，连接到 F10 的 Z^{III}、LJ 动作逻辑成为无效，F10 被强制输出 0。

当 Z^{II} 动作后，分为以下两个作用的支路。

1）F8 被强制输出 0，这样，即使经 150ms 延时之后，T9 的输出成为无效；再结合 F10 已经被强制输出 0 的条件，于是，H11 输出 0，振荡闭锁回路处于无效状态。

2）启动 t^{II} 的延时，当延时到了之后，Y3 又满足另一个条件，与 K2 动作共同使 Y3 输出 1，经 H4 使 F5 满足一个条件，此时，由于 F5 的"非"端为 0，因此，F5 输出 1，经 H6 发出跳闸命令。

在此期间，虽然 Z^{III} 元件也动作，但 t^{III} 延时的存在，不会发出跳闸命令。通常情况下，

Z^{II} 发出跳闸命令后，断路器跳开，随即 Z^{III} 测量元件返回，当然，如果 Z^{II} 拒动，则 Z^{III} 延时后发出跳闸命令。

3. Ⅱ段外Ⅲ段内故障

启动元件 K2 动作，Z^{I}、Z^{II} 不动，Z^{III} 和 LJ 动作。

K2 先动作，分别给 Y1、Y2、Y3 提供一个条件，并启动 T9 的 150ms 延时，同时，关闭 F10。随后，连接到 F10 的 Z^{III}、LJ 动作逻辑成为无效，F10 被强制输出 0。

在 K2 启动 150ms 后，T9 输出 1，与 Z^{II} 不动作的条件共同作用，使 F8 输出 1，经 H11 输出 1，并自保持，进入振荡闭锁状态，此时，"再开放"功能还没有正式进入工作，其逻辑仍为 0，于是，F12 输出 1，关闭Ⅰ、Ⅱ段跳闸回路的 F5，从而退出可能受振荡影响的 Z^{I}、Z^{II}。

在此期间 Z^{III} 继续动作，直到 t^{III} 延时后跳闸。

4. Ⅲ段外或反方向短路

Ⅲ段外或反方向短路分为以下两种情况。

1）K2 元件不启动，对应于区外的远处短路，距离保护没有任何反应。

2）Ⅲ段外或反方向短路或系统进行操作时，仅 K2 元件启动，开放 Y1、Y2、Y3 的一个条件，关闭 F10，并启动 T9，150ms 后 F8 输出 1，经 H11 输出并自保持，使 F12 输出 1，关闭Ⅰ、Ⅱ段跳闸回路的 F5。在Ⅲ段外或反方向故障期间，由于 Z^{I}、Z^{II}、Z^{III} 均不动，保护不发跳闸命令。

K2 动作后，由于 Z^{III}、LJ 和 $3I_0$ 不动，因此，启动复归逻辑，经延时后复归距离保护。

5. 静稳定破坏

静稳定破坏时，LJ 动作，而 K2 不动作，于是，F10 输出 1，经 H11 输出并自保持，进入振荡闭锁状态，再经 F12 输出 1，关闭Ⅰ、Ⅱ段跳闸回路的 F5。

当进入到振荡闭锁状态后，即使由于剧烈的振荡而导致 K2 动作，那么，H11 已经处于自保持的状态，于是，整个逻辑依然处于振荡闭锁状态，继续关闭Ⅰ、Ⅱ段跳闸回路的 F5。此时，距离Ⅲ段不受振荡闭锁状态的影响，Ⅲ段跳闸回路是开放的。

6. 动稳定破坏

动稳定被破坏时分为以下两种情况。

1）Ⅲ段内故障后出现动稳定破坏，则逻辑过程与前面介绍的逻辑是一致的。

2）K2 不启动的远处故障导致动稳定破坏时，逻辑过程与静稳定破坏的逻辑过程是一致的。

7. 振荡闭锁期间再故障

在振荡闭锁期间，H11 为 1，开放 Y13，投入 $|\dot{i}_2+\dot{i}_0|>mI_1$、$\mathrm{d}R/\mathrm{d}t$、$U\cos\varphi$ 等以区分振荡与短路。如果确认了再发生故障，则由"再开放"功能进行识别，"再开放"的逻辑 1 迫使 F12 输出 0，撤销对 F5 的闭锁条件，实现再次开放 Z^{I}、Z^{II} 跳闸回路的目的。

参 考 文 献

[1] G. D. Rockefeller. Fault Protection With A Digital Computer. IEEE Trans. PAS V01 88 No. 4，1969.

[2] B. J. Mann. Real Time Computer Calculation of The Impedance of a Faulted Single Phase Line. Elec. Eng. Trans. (I, E. Aust) VEE4，1969.

[3] 陈德树，张之哲. 计算机继电保护文献目录. 华中工学院，1983.

[4] 黄焕煜，李菊译. 计算机继电保护系统. 北京：水利电力出版社，1982.

[5] 华北电力学院. MDP-1 型微机保护装置（样机）原理说明. 华北电力学院，1984.

[6] 史世文，易诚. 微型计算机失磁保护系统. 全国高校电自专业第二届学术年会论文，1986.

[7] 张志竟. 计算机距离保护的研究. 中国电机工程学会第四次继电保护和安全自动装置学术会议论文集，1986.

[8] 董歧元，等. 10 千伏馈电线路的计算机保护系统. 中国电机工程学会第四次继电保护和安全自动装置学术会议论文集，1986.

[9] 王秀玲，等. 微型计算机 A/D 和 D/A 转换技术. 北京：清华大学出版社，1984.

[10] B, Jeyasurya, W. J. Smolinski. Design and Testing of A Microprocessor Based Distance Relay. IEEE Trans. PAS V01. 103，1984.

[11] A. Papoulis. Signal Analysis. McGraw—Hill Book Company，1977.

[12] A. V. Oppenheim, R. W. Schafer. Digital Signal Processing. Prentice—Hall Inc，1975.

[13] F. J. Harris. on The Use of Windows for Harmonic Analysis With The Discrete Fourier Transform. Proc. Of IEEE V01. 66 No. 1，1978.

[14] 张之哲，陈德树. 微型机距离保护中的数字滤波器. 中国电机工程学会第四次继电保护和安全自动装置学术会议论文集，1986.

[15] 华中工学院. 电力系统继电保护原理与运行. 北京：电力工业出版社，1981.

[16] B. J. Mann, I. F. Morrison. Digital Calculation of impedance Transmission line Protection. IEEE Trans. PAS V01. 90 No. 1，1971.

[17] M. Ramamoorty. Application of Digital Computer to Power System Protection，Journal of Inst. Eng. (India) Vd. 52 No. 10，1972.

[18] G. W. Swift，The Spectra of Fault—Induced Transients，IEEE Trans. PAS V01.

[19] 陈雪薇，等. 分布参数线路短路暂态过程的数字仿真. 华北电力学院学报，1985（4）：91-104.

[20] 尹项根，陈德树. 数字保护中相关算法的误差分析. 中国电机工程学会第四次继电保护和安全自动装置学术会议论文集，1986.

[21] 连秉中. 傅立叶算法的直流误差补偿. 中国电机工程学会第四次继电保护和安全自动装置学术会议论文集，1986.

[22] 杨维娜，等. 论输电线故障测距用的数字滤波器设计. 华北电力学院学报，1985（3）：65-72.

[23] A. D. Mclnnes, I. F. Morrison. Real Time Calculation of Resistance and Reactance for Transmission for Transmission Line Protection by Digital Computer E. E. Trans. (I. E. Aust) V01. EE7 No. 1，1970.

[24] 杨奇逊. 采用 F1R 滤波器的快速阻抗继电器. 中国电机工程学报，1983（3）：22-31.

[25] 张之哲. 自适应距离保护. 华中工学院博士论文，1985.

［26］苏沛浦，刘娟芝. 一种改进的解微分方程算法. 全国高校电自专业第二届学术年会论文，1986.

［27］张志竟，等. 解微分方程法和傅氏算法中主要问题的分析和改进. 上海交通大学，1983.

［28］M. S. Sachdev, M. A. Baribeau, A New Algorithm for Digital Impedance Relay, IEEE Trans. PAS V01. 98 No. 6，1979.

［29］王载生译. 利用正交函数分量的数字式继电保护的动态特性. 继电器译丛，1985. 1.

［30］B. Jeyasurya, W. J. SmoCiriski, Identification of A Best Algorithm or Digital Distance Protection of Transmission lines，IEEE Trans. PAS V01. 102 No. 10，1983.

［31］杨奇逊. 微机继电保护可靠性的研究. 中国电机工程学会继电保护和安全自动装置学术会议论文，1985.

［32］葛跃中. 数字计算机在继电保护中的应用. 继电器，1978. 3.

［33］贺家李，等. 电力系统继电保护原理. 4 版. 北京：中国电力出版社，2010.

［34］王梅义. 四统一高压线路继电保护装置原理设计. 北京：水利电力出版社，1990.

［35］黄凤英. DSP 原理与应用. 东南大学出版社，1997.

［36］阳宪惠. 现场总线技术及其应用. 北京：清华大学出版社，1999.

［37］ABB, REL531 high speed distance protection terminal. Technology Reference Manual，2001.

［38］杨奇逊，刘建飞，等. 现代微机保护技术的发展与分析. 电力设备，2003（5）：10-14.

［39］沈国荣. 工频变化量方向继电器原理的研究. 电力系统自动化，1983（1）：28-38.

［40］武汉高压研究所编译. 电磁兼容性试验和测量技术，1996.

［41］张海藩. 软件工程导论. 3 版. 北京：清华大学出版社，1998.

［42］张宣华. 精通 MATLAB5. 北京：清华大学出版社，2000.

［43］黄少锋，徐玉琴，张新国. 提高电流保护灵敏度的方法. 电力系统自动化，1997（7）：61-63.

［44］刘万顺，黄少锋，徐玉琴. 电力系统故障分析. 3 版. 北京：中国电力出版社，2010.